社区规划理论与实践丛书

丛书主编　刘佳燕

儿童友好社区规划与设计

沈　瑶　刘佳燕　吴　楠　著

中国建筑工业出版社

图书在版编目（CIP）数据

儿童友好社区规划与设计 / 沈瑶，刘佳燕，吴楠著
. —北京：中国建筑工业出版社，2023.9
（社区规划理论与实践丛书 / 刘佳燕主编）
ISBN 978-7-112-28738-3

Ⅰ. ①儿… Ⅱ. ①沈… ②刘… ③吴… Ⅲ. ①社区—
城市规划—研究 Ⅳ. ① TU984.12

中国版本图书馆 CIP 数据核字（2023）第 085774 号

责任编辑：黄 翊 徐 冉
责任校对：芦欣甜
校对整理：张惠雯

社区规划理论与实践丛书
丛书主编 刘佳燕
儿童友好社区规划与设计
沈 瑶 刘佳燕 吴 楠 著
*
中国建筑工业出版社出版、发行（北京海淀三里河路 9 号）
各地新华书店、建筑书店经销
北京雅盈中佳图文设计公司制版
北京中科印刷有限公司印刷
*
开本：787 毫米 ×1092 毫米 1/16 印张：$11^3/_4$ 插页：1 字数：243 千字
2023 年 8 月第一版 2023 年 8 月第一次印刷
定价：**58.00** 元
ISBN 978-7-112-28738-3
（41152）

序　一

本丛书的社区规划概念在中国的学术建设、学科建设和社会建设中均具有创新意义。以往的学术专业上分别有城市规划和社区研究，而社区规划是规划与社区的结合，仅此一点就颇具创新涵义。社区既是“物”的存在空间，也是“人”的生活空间，社区的公共物品因人们的使用而具有了功能属性、美学意义和象征意义，在这个过程中也形塑了人们互动的形式和深度。所以，作为城市规划产品的社区物质空间就因人的存在和互动而产生了价值标准。我们认识到，不能因研究领域的分割而分裂现实生活的完整性，社区规划突破了传统学科研究的界限，创新了对完整社会、完整社会事实认识的探索。

据老一代社会学家费孝通先生回忆，汉字里的“社区”一词是20世纪30年代，费先生与同学们一起在翻译来访的美国芝加哥派著名社会学家R. 帕克讲课中使用的community一词时提出的。所以，社区是一个典型的社会学概念。而关于规划、城市规划的概念，过去主要是建筑学的专业术语。由此看来，“社区规划”概念体现了社会学与建筑学这两大学科的结合。在经典社会学家的著作中，社区是在一定空间范围内，具有共同生活方式、情感和传统的生活共同体。大量的研究表明，居民参与公共活动是培育共同体最为核心的内容，而社区的公共活动空间在其中起到了很大的作用；然而，从目前的理论体系的建构上看，社区物质空间与社区共同体的互动机制还不甚清晰。当前的社区规划实践，是一个建筑学者和社会学者共同参与的领域，社区规划结合了社会学和建筑学各自的优势和特点，对深入认识社区运行机制和提升社区品质具有重大意义。在实践层面，社会学通过动员规划学者和居民的共同参与，将作为建筑结果的社区空间规划规范化，赋予其以活力和价值关怀；建筑学通过对功能、布局和审美的绝佳把握，为社会互动设计了最恰当的表达场景，激发了人内心的美和潜能，为社会团结创造了坚实的空间基础。在理论层面，建筑学可以检验其理论的场景适用性，并能丰富对“参与式规划”的相关理论认识；对社会学而言，建筑规划变成了一项社区公共行动，如果将社区规划视为一种技术的引入，这里面涉及了大量的权力、权益行为以及文化行为，因此社区的物质空间研究为社会学理论构建提供了深厚的空间领域基础。

社区规划也是为适应广大人民群众的社区生活需求而发展起来的。改革开放以来，我国的社区发生重大变迁，产生了很多新的社区类别，人们对社区生活品质、社区生活质量的要求发生很大变化，广大人民群众对美好生活的需要是学术、学科和理论发展的重要动力。建设规划传统上主要是专业机构参与的一项行政事务，随着善治的理念和公平的理念向多个领域和行业的扩展，识别并满足多样化和个性化的社区需求逐渐成为规划制定者和实施者的工作理念。在此种理念指导下，社区规划一方面能更好地解决传统社区规划所积蓄的矛盾，另一方面，“参与式规划”可以直接将居民的美好需求变为能够落地的专业化方案。社区规划是时代的新产物，本丛书对社区规划实践进行及时的总结是非常必要的，通过学术的、学科的和理论体系的建设，完善和提升实现广大人民群众社会需求的应对机制。

社区规划必须以人为本，保障和改善民生服务。社区规划是定制化的规划，是为适应各种社区美好需求的规划。高档社区完全可以借助多种市场力量实现高水平规划，但本丛书的案例更多地关注那些公共空间匮乏、生活水平还不太高的社区，包括众多老旧小区，因为这样的社区在今日中国占据很高比例，对这些问题的关注也是引导这个新学科发展的价值取向。因此，社区规划面对最多的问题便是，如何在有限的财力和物力下实现社区空间的改造，如何将各方的有效需求纳入规划制定之中，新的空间如何能长期提升居民参与的积极性，最终的目的是保障和改善民生。费孝通先生曾阐释他的学术奋斗理念是“各美其美，美人之美，美美与共，天下大同”。社区规划作为一个交叉学科，也应传承这一理念。

李　强

清华大学社会科学学院教授

清华大学文科资深教授

2019 年 3 月 28 日

序　二

一转眼，指导刘佳燕同志完成她的博士论文《城市规划中的社会规划》已十几年过去了，当时这是国内最早的一篇探讨城市规划工作中社会学领域问题的工学博士论文。十分欣喜地看到，这十几年来佳燕同志不忘初心，无论是在清华大学社科学院追随李强教授从事博士后工作，还是后来留校执教，均锲而不舍地在这一学科方向上持续耕耘，终有硕果。面对厚厚的书稿和丛书的出版计划，甚喜甚慰。

社区规划是中国城市规划理论研究和实践序列中的“迟到者”，从较为系统的观念引进到近年来颇具自下而上色彩的逐步兴起的实践总共也不过20年光景。梳理一下，这种“迟到”是有其原因的。

其一，中国古代城市规划源于礼制、礼法。强调等级化的社会秩序与空间秩序一体化，在漫长的实践中虽有民间智慧和基于经验主义的科学认知为补充，也时有顺应自然的筑城亮点和顺应民生需求的局部调整，但比较严谨的自上而下、层级化的社会序列投影于空间序列仍是主流，并无关注社会问题和基层社会管理单元的空间营造传统。

其二，中国现代城市规划理论和实践体系是伴随着西学东渐的进程从国外引进的。欧洲是现代城市规划思想的策源地。其源起是对底层社会问题的关注；其实践和方法体系是针对伴随着工业化进程而出现的公共卫生问题、贫民区问题、工人阶级住房问题等一系列复杂社会问题的解决去做的；其早期解决问题的逻辑是有序的空间环境会带来或催生有序的社会环境，实现生活质量的普遍提升，解决发展中带来的社会不平等现象。从空间尺度上看，它的实践体系是从社区入手，逐步走向城市，再走向区域，逐步放大的。同时，虽然工科在城市建设中有极大的工具作用，但其价值体系和治理体系的形成和演进一直是社会理想和社会科学所主导的。在这个进程中，城市规划工作是空间权益分配中政府、市场和民众三方博弈的渠道和桥梁，也更是基层民众平衡（有时甚至是对抗）政府所代表的国家机器强制力和资本代表的市场强大诱惑力的手段。就立场而言，它多少带有无政府主义的基因和反资本主义的色彩，代表社会的弱势群众发声、代表基层民众的诉求发声也是常事。所以，关注社会问题、关注社区规划一直是国际上与大建设和顶层设计并行并互为补充的学科与实践主流。多年前，张庭伟教授“向权力讲述真理”一文就很好地总结了现代城市规划思想史的这一特征。

其三，中国引进现代化城市规划理论与实践体系的时间点和早期实践者的背景构成有影响至今的效应。伴随着洋务运动和第二次大规模西学东渐之风的兴起，现代城市规划进入中国，从当时知识分子的整体倾向看，表现出崇尚实用、注重科技和追求民主的风气。“拿来主义”居多，少有思想或价值体系的深究，实践中最明显的是初建城市公共卫生和公共服务系统，并引入功能主义规划的方法初建城市功能分区发展的路径。张謇在南通的实践集成度较高，被吴良镛院士誉为“中国近代第一城”。其实，兴新学、办工厂、建医院、辟公园等自保一方民生的事，从清末民初直到抗战爆发，不少地方割据者都存类似实践。而当时留洋归来的建筑师、工程师是这一系列具体实践的技术主导者。至 1945 年抗战胜利后，陆续出台的一批“都市计划”在理念和方法上已与国际接轨，但数量少，实践期很短，其遗产直到 1990 年代才又被发掘利用（如大上海都市计划）。“市政社会主义”这个词曾被用于概括同时期的西方战后重建时期，中国那时的实践也有此特点。

其四，当代中国规划体系的形成及社区规划的“迟到”。1949 年中华人民共和国成立后，为国际形势所迫，学苏联，一边倒，城市建设全面服务于中国迫切需要启动的工业化进程，城市规划与国民经济发展五年计划全面对接曾是其基本特征。记得 1980 年我进清华读书时还有机会读过不少苏联的城市规划教材，虽然苏联与欧洲意识形态和国家体制差别巨大，但城市规划体系还是有很强的传承性的，理论和实践中强调以人为本，关注民生是与工业化并行的主线，生产与生活空间的匹配关系一直被重视。但中国当年的经济基础薄弱，生存环境逼仄，发展压力急迫，要支撑这种理想中的匹配是很难做到的。随后的实践也走上了工业化优先、忽视（或某种程度上放弃）城市化的发展道路，城市规划曾遭重创。在那个整体资源短缺的年代，连自上而下的配给化的生活供给体系都难维系，更没有自下而上的社会治理和社区规划需求；况且反右运动后社会学在中国处于被消失的状态，直到 1990 年代中后期才得以重建，所以社会规划的“迟到”也就顺理成章了。

对于社区规划在中国从理论到实践的崛起，在佳燕撰写的前言中已讲得很清楚了。这是对中国城市规划思想体系的补充，也是意义深刻的变革，就变革的价值还可以再多说几句。

1. 发展要与社会进步同步推进。在国际语义中，发展更强调精英的作用，更强调自上而下的进展推进；而进步更强调美好生活的个人共享和进程中每个人都有贡献。“发展是硬道理”在中国已取得了巨大的成就，表现出了国家意志超乎寻常的传导力和执行力。但如何让每个人共享发展成果，消除不充分和不均衡的矛盾则是新问题。简单地用发展的路径去解决是有问题的，最典型的后果就是“端起碗吃肉，放下碗骂娘”，这与发展理念中对统治权力和执行权力的过度运用，以及对内在权力和共同权力的忽视有直接的关系。

2. 内在权力培养和共同权力引导是社会基层治理成败的关键。任何变革的进程，都是权力再分配的进程。权力不仅仅是以国家意志为主体，以等级、传导和支配为特征的统治权，也不仅仅是利益驱动下行动和实施为特征的行使权，另外两种权力在基层社会治理中会更重要。一是内在权力，这是每个人都有的、来自于个人自信和资格认同的权力。这种权力意识和构造能力的丧失是基层社会失去发展和进步源动力的根源。如不重视内在权力的培育，任何外部干预和援助、施舍都无法带来可持久的进步。二是共同权力，这是由共识达成而凝聚的集体权力，是在社会环境中对内在权力的磨合和再组织。缺少共同权力认知的社区是一盘散沙，缺少共同权力认知的社区哪怕时有能人出现，也会“人去茶凉”、“人走政亡”。

3. “高手无定式”，尊重实践者的智力独立性很重要。社区规划现在的实践是多视角、多维度的，这是难能可贵的好现象。千万别急于“规范化”，更不要去迷信工具包。从规划史上看，工具包解决的是达标或及格的问题，解决不了创新和变革的问题。社区规划中更重要的是随机应变、方法实验、培育自信、敢作敢为。

最后衷心祝贺这套丛书的出版，并欣喜地看到这里的实践者大多是中国城市规划从业者的“中生代”。这个群体是由共同的价值观凝聚而成的，必定可以青春永驻，不仅仅可以在社区规划中创新“中国方案”，你们的实践也会创造出平衡发展与进步这一国际难题的“中国答案”。

尹 稚

清华大学建筑学院教授

清华大学城市治理与可持续发展研究院执行院长

2019 年 4 月 16 日

序　三

《儿童友好社区规划与设计》一书讲述的是随着孩子成长，其活动范围从家里扩展到家外，逐渐迈向社会性成长时，社区这一重要成长环境应当如何规划、设计的问题。

长期以来，从孩子的视角来看，应该如何设计城市，如何设计城市的基础构成单元——社区，一直是被忽视的。成年人的设计视角重视经济效率，常常把城市建造成非人性化的空间。我们曾通过采访三代人的童年经历，撰写了一本揭示三代人的游戏环境剧变的游戏场图鉴，真切证明了城市化前儿童游戏环境的多样性与现代城市化水平有鲜明的反比关系。例如，如果所有人都乘坐出行方便的汽车，住宅区内的街道也将以汽车交通优先，曾经在路上玩耍的孩子们的身影便会消失。如今，我们过着可在互联网上获取各种信息的生活，孩子们和大人们一样，比起邻里交往，将更多的时间花在了看智能手机、电脑、电视和玩电子游戏等方面。这样放任其不管的话，虽然世界变得越来越方便，但孩子的成长和心理体验也会逐渐扭曲。为此，我们必须采取正确的措施。因此从孩子的视角来努力思考和纠错是有意义的。

简·雅各布斯在《美国大城市的死与生》中说道，街道上的玩耍培养了儿童的公共性意识。这种从生活者、儿童成长的视角出发的观点，与以超高层建筑和高速公路的建设为象征的现代城市规划大相径庭。简·雅各布斯批判了现代城市规划，也指出了城市公共空间应该具备儿童成长的社会关系资本。

那么，我们如何重构因经济效率优先的现代城市规划而失去的儿童成长社会关系资本呢？期待《儿童友好社区规划与设计》一书能够成为助力儿童生活空间社会关系资本建构的重要工具。

然而，不仅是物理环境，链接人与人的软性环境也很重要。将联合国儿童基金会倡议的儿童友好城市事业的核心“儿童参与”贯彻到底也十分重要。不仅要关注成人视角，也要关注孩子的视角，关注代际之间的相互联系，让孩子怀抱着对其生长地方的热爱长大，成为将来的栋梁之材，成为建设可持续发展社区的重要力量。此外，可持续城市建设不应局限于当地社区范围，也不能忽视世界上正在发生的和平与安宁问题，如气候危机、全球环境问题、灾害和战争等。如果没有为“Think Globally，Act Locally”（思考在全球，行动在地方）主动做出努力，我们也就没有未来可言。面向这一重大课题的代际间协作的、可持续城市的营建是十分关键的。

木下勇
日本大妻女子大学教授
2023 年 7 月

目　录

第 1 章　绪论

1.1　快速城市化与儿童发展环境

1.1.1　快速城市化对儿童生活环境的影响

儿童是世界人口的重要构成，是经济社会可持续发展的基础。我国 14 岁及以下儿童约为 2.5 亿，位居世界第二（2019 年），近一半居住在城市。城市的永续发展必须以儿童的永续发展为前提，城市环境需要培养儿童对自然和社区的热爱[1]。改革开放 40 余年，随着快速城市化推进，城市中儿童的生活环境也发生了巨变：出行机动化、居住高层高密化、活动空间减少等，同时也出现了近视、游戏宅化、运动不足、肥胖、抑郁与社交障碍等儿童发展问题。

城市化带来了社区匿名性增加、交往功能下降、车辆激增等问题，给在社区中户外游戏活动和出行的儿童带来安全隐患，成为家长抑制儿童独立外出的主要因素之一。据调查，我国儿童体质近 30 年来持续下降①。2018 年发布的国内首个儿童体测报告表明，3~6 岁幼儿整体体质健康状况堪忧：42% 的幼儿动作不协调；31% 的幼儿体重偏重或偏轻；20% 的儿童视力、骨骼关节、心肺功能不良；在速度、耐力、爆发力、平衡性、协调性和柔软性方面表现不足的幼儿更是接近 50%。

快速城市化与儿童发展的倒三角悖论②（图 1–1），也并非中国独有。自 20 世纪 70 年代开始，此倒三角悖论就引起了较早经历城市化国家的高度重视。凯文·林奇（Kevin Lynch）作为联合国教科文组织专家，牵头发起“在城市中成长”（Growing Up in the City）项目③来研究城市空间发展对儿童发展的影响，城市如何给儿童提供友好成长环境

① 2014 年我国 13~15 岁城市男生和女生肥胖率分别达到 17.45% 和 5.53%。数据来源：中国政府网。

② “倒三角悖论”指随着城市化进程的加快推进，儿童数量有所下降，但儿童发展问题却在增加，比如肥胖、抑郁、高层建筑带给儿童的压力等。

③ Growing Up in the City，简称 GUIC，译为“在城市中成长”。1996 年联合国教科文组织发起 GUIC 项目。该项目从 1968 年开始持续了十年，针对世界上正在经历城市化的多个国家开展城市与儿童发展关系的比较研究，目的是希望能够从儿童视角出发研究能满足其需求的优质生活环境。

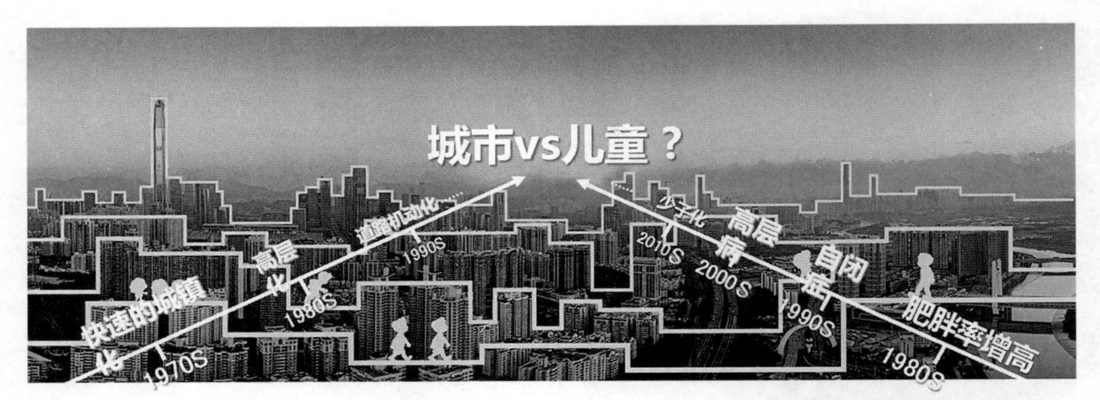

图 1–1　快速城市化与儿童发展的倒三角悖论图

的议题就已经受到了世界关注。1996年联合国儿童基金会[①]和联合国人居署联合发布“儿童友好城市倡议”（Child Friendly City Initiative，简称 CFCI）[②]，获得了世界很多国家的积极响应。

与此同时，因城市化速度较快，我国还存在大量因城乡迁徙而产生的乡村“留守儿童”和城市“流动儿童”的现象，这也是中国特色儿童问题。当前我国城镇化已进入高质量发展阶段，儿童时期是个体终身发展的奠基期，以城市发展带动儿童身心健康的综合发展，是促进人的全面发展、提升城市竞争力、增强综合国力的前提。如何解决快速城市化与儿童发展的倒三角悖论，如何提高城市、社区的儿童友好性，如何培养健康发展的儿童已成为城市高质量发展不容回避的问题。

1.1.2　少子老龄化对育儿支援环境的挑战

新中国成立以来，我国城镇化速度和发展量级备受世界瞩目，城市个数由新中国成立前的 132 个增加到 2008 年的 655 个，城镇化水平由 1949 年的 7.3% 提高到 2021 年的 60% 以上。但自 2010 年起，14 岁及以下儿童总数和占人口比例却逐年呈现大幅下降趋势（图 1–2），少子老龄化已客观存在。2019 年人口自然增长率仅为 0.33%，创历史新低。近年来国家应对养老支援的顶层设计已逐渐走向成熟，但应对普惠性育儿支援的顶层设计却相对薄弱。随着快速城镇化的推进，不婚、晚婚、离婚、单亲育儿家庭比例在持续

① 联合国儿童基金会（United Nations International Children’s Emergency Fund，UNICEF）于 1946 年创建，致力于帮助孩子们实现生存、发展、受保护和参与的基本权利。

② “儿童友好城市倡议”旨在从儿童权利出发完善城市的儿童友好程度。

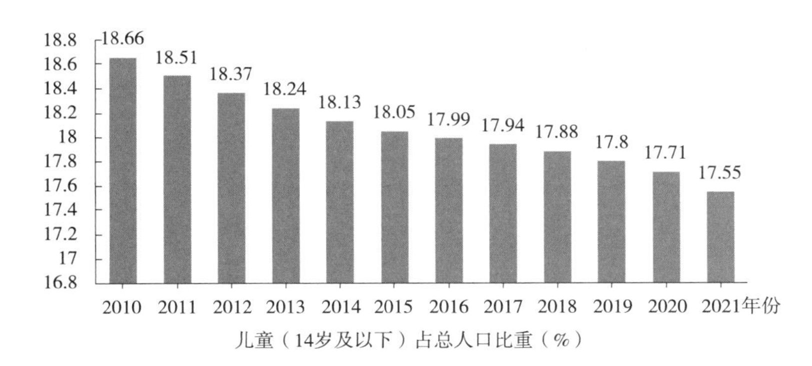

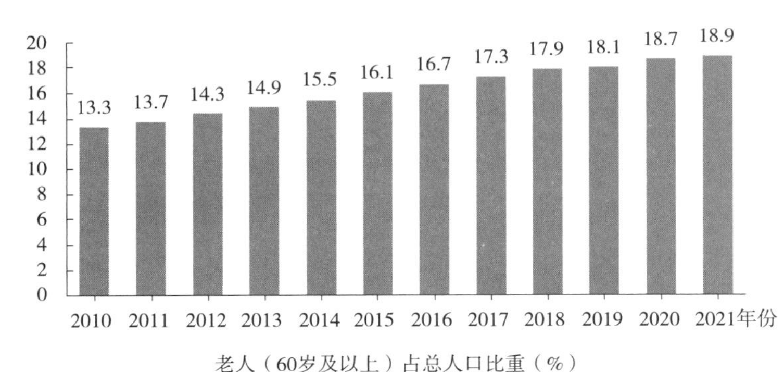

图 1-2 儿童与老人占总人口比重趋势图

资料来源：中国国家统计局

增长。因购房、育儿成本激增和家庭养育集团矛盾所带来的生育恐惧、育儿焦虑正成为日益普遍的社会心理。

同时，新增二孩人口与现代职场女性育儿时间缩减和家庭养育质量之间的矛盾日益突出，也对公共的育儿空间资源提出巨大需求。较早意识到城市化与儿童发展矛盾的美、日与欧洲国家，以社区为基础的早期儿童整合性育儿支援服务性机构已纳入基础公共福利体系，而我国以社区为基础的公共儿童养育支撑体系还亟待建立。如何在社区层面有效、合理地布局普惠性育儿支援体系，如何实现社区空间对育儿活动的积极支援，也是留给国家和地方政府应对少子老龄化、围绕三孩政策布局相关配套的重要课题。

1.1.3 数字信息化对儿童游戏环境的冲击

迈瑞·D. 德舍瑞丹（Mary D. Sheridan）对“游戏”的定义是：为了得到情绪的满足，而有干劲地进行身体或精神上很快乐的活动，并指出自发的游戏是保证儿童发展平行性的四大要素之一[2]。传统以实体空间如街道、游戏场和自然环境为主的儿童游戏生态，对于儿童的身心健康发展和社会化有着重要作用。但随着信息技术革命的深入和电子社交媒体、网络游戏业的迅速发展，目前我国城市儿童沉迷手机和网络游戏已成为一个严重社会问题，甚至屡次发生“准暴力游戏”和“网络游戏自杀”的现象，威胁着儿童的健康和生命安全，使得儿童以往的游戏生态发生了巨大变化。

首先，信息化冲击使得儿童在生活方式与游戏方式的在宅化和近宅化趋势十分明显。根据 2016 年在岳阳市开展的关于儿童参与方面的调查[3]数据显示：在游戏时间上，儿童日常外出活动频率较低，66.1% 儿童在工作日外出玩耍的频率在 1~2 次 / 天，有 74.5% 的儿童把家当作放学后的主要游戏场，41.7% 的儿童会进入小区或附近的活动场地玩耍（图 1–3），家以及家周边的公共空间（社区层级的公共空间）是儿童日常游戏的主要环境。

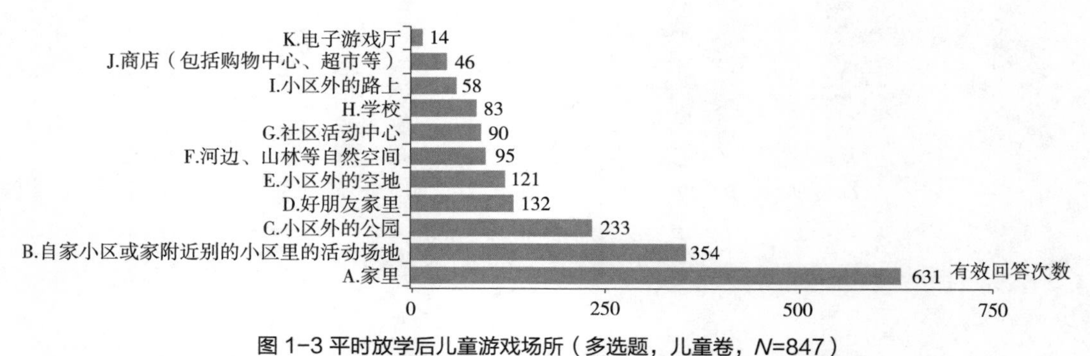

图 1–3 平时放学后儿童游戏场所（多选题，儿童卷，*N*=847）

图片来源：沈瑶，刘晓艳，刘赛 . 基于儿童友好城市理论的公共空间规划策略——以长沙与岳阳的民意调查与案例研究为例 [J]. 城市规划，2018，42（11）：79–86，96

其次，电子游戏破坏了传统游戏环境，户外游戏空间趋于同质化现象明显，实体游戏空间质量有待提高。调查数据显示：电子游戏类与行走类及器具类活动占比接近，达到 53.2%；商场内的游戏空间可供度较高，占比达到 28.9%；儿童游乐场和与自然亲近、社交类活动场所排名靠后（图 1–4）。这表明传统以街道空间为主的儿童游戏生态正在逐渐改变。为了促进儿童的外出游戏活动，公共游戏空间应提供多样化游戏资源，尤其应注重为自然接触和社交性游戏提供适宜的空间资源。用改造和增建游戏空间的方法来解决城市发展中的儿童社会问题是发达国家的一条宝贵经验。英、德等国的冒险游戏场也是为了预防和解决儿童社会问题而建，且实践证明是颇有成效的[4]。

综上所述，信息技术极大地改变了儿童游戏环境，引发了儿童游戏宅化行为以及儿童游戏环境的巨变，这是信息技术变革引发的社会问题，也是空间环境有责任去作为的问题。当前社区怎样营造更积极的实体游戏环境来承载儿童户外游戏、自然与社交体验、自理自立能力的发展……这些都是留给城市社区空间设计的紧迫课题。

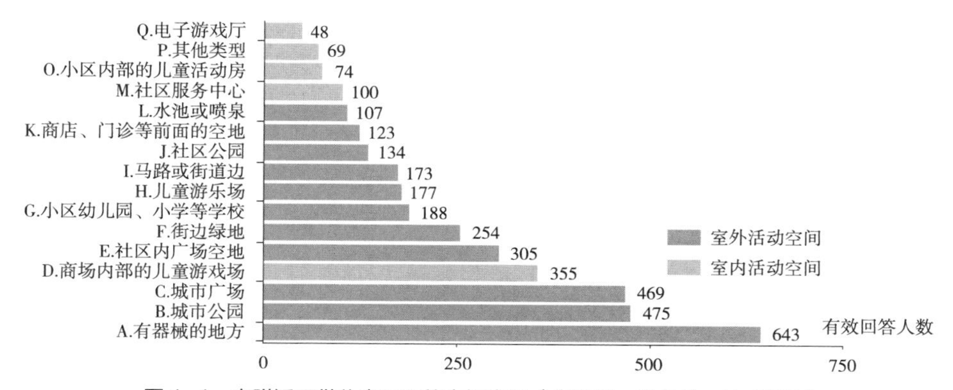

图 1-4 家附近可供儿童玩耍的空间类型（多选题，家长卷，*N*=1228）

图片来源：沈瑶，刘晓艳，刘赛．基于儿童友好城市理论的公共空间规划策略——以长沙与岳阳的民意调查与案例研究为例 [J]. 城市规划，2018，42（11）：79-86，96

1.2 从儿童友好城市国际倡议到儿童友好社区建设

随着 19 世纪工业化和城市化的推进，城市的快速发展导致大量儿童犯罪、身心健康问题的出现，部分西方国家开始意识到快速城市化和儿童发展之间的矛盾，由此展开对城市环境的探索和研究可追溯到 1880~1920 年美国的“游戏场运动”[5]（The Playground Movement）。1989 年，第 44 届联合国大会通过《儿童权利公约》①，是第一部有关保障儿童权利且具有法律约束力的国际性约定。1996 年，以该公约为基础，联合国儿童基金会和联合国人居署共同发布“儿童友好城市倡议”，强调一个根植于儿童发展的生活圈（即广义的社区）的重要性，其目标是建立一个可听到儿童心声、实现儿童需求和权利的地方治理体系。此后，联合国儿童基金会开始在全球范围内推广儿童友好城市认证，鼓励各国开展相关实践。

社区是指居住在一定地域内的人们所组成的多种社会关系的生活共同体②。社区不仅可以连接家庭、学校、社会三大儿童成长环境，是儿童社会化的第一场所，也是社会治理的基本单元，是政策、服务落实的“最后 1 公里”。早在 2011 年，国务院就将建设儿童城市和社区写入《中国儿童发展纲要（2011—2020）》[6]。2016 年，在全国两会上，有代表提议将“儿童友好社区”纳入各级政府社区发展规划，得到各界响应和支持。《国家人口发展规划（2016—2030 年）》也提出，“鼓励和推广社区或邻里开展幼儿照顾的志

① 于 1989 年 11 月 20 日第 44 届联合国大会第 25 号决议通过，是第一部有关保障儿童权利且具有法律约束力的国际性约定，该公约旨为世界各国儿童创建良好的成长环境。

② 社区的定义出自《中华人民共和国国家标准：社区服务指南（第 1 部分）· 总则（GB/T 20647.1—2006）》。

愿服务”。同年，在全面二孩政策的背景下，深圳、长沙[①]从城市发展需求与问题出发，对儿童友好城市倡议表示高度关注，分别将儿童友好城市写入城市总体战略规划和妇女儿童发展规划等相关规划中。

2019年，联合国儿童基金会发布了《构建儿童友好型城市和社区手册》[7]，提出了一套构建儿童友好城市和社区的指南（图1-5）。《儿童友好社区建设规范》（T/ZSX 3—2020）指出“目前中国社会从社区入手建设儿童友好城市更加务实和有把握”。《国务院办公厅关于促进3岁以下婴幼儿照护服务发展的指导意见》（国办发〔2019〕15号）提出要“支持和引导社会力量依托社区提供婴幼儿照护服务”。同年，李克强总理主持召开国务院常务会议，部署进一步促进社区养老和家政服务业加快发展的措施，决定对养老、托幼、家政等社区家庭服务业加大税费优惠政策支持。2021年，国务院印发《中国儿童发展纲要（2021—2030年）》，对儿童友好城市和社区建设提出了

图1-5　联合国儿童基金会《构建儿童友好型城市和社区手册》
图片来源：https：//www.unicef.cn/reports/cfci-handbook

① 早在2015年底，长沙就率先对联合国的“儿童友好城市倡议”表示关注，提出创建“儿童友好城市”并制定《长沙市创建“儿童友好型城市”三年行动计划（2018—2020年）》和《长沙市创建“儿童友好城市”三年行动计划（2022—2024年）》，积极申报联合国儿童基金会儿童友好城市认证和落地建设，于2019年发布国内第一个官方认定的儿童友好城市建设白皮书。

具体目标和策略措施。国家发展改革委联合 22 个部门印发了《关于推进儿童友好城市建设的指导意见》（发改社会〔2021〕1380 号），对全国儿童友好城市和社区的建设工作作出了整体安排和综合部署。

此外，近年来为推动儿童友好城市（社区）的建设与发展，地方也出台了一系列政策文件。例如，长沙市在 2015 年底，制定《长沙市创建“儿童友好型城市”三年行动计划（2018—2020 年）》和《长沙市创建“儿童友好城市”三年行动计划（2022—2024 年）》，积极申报联合国儿童基金会儿童友好城市认证和落地建设，并于 2019 年发布国内第一个官方认定的儿童友好城市建设白皮书；深圳市 2016 年将“儿童友好城市”写入当地“十三五”发展规划，随后又将其写入城市总体规划，从顶层设计出发开展相关建设，并陆续制定各区行动计划、各类儿童友好空间建设指引；上海市 2023 年 1 月发布《浦东新区儿童友好城区规划导则》，面向浦东新区行政范围，明确了新区创建儿童友好城区的目标原则、空间结构和行动方案，提出了儿童友好城区建设的空间管控与规划引导要求。

可见，随着我国政府对于儿童权利保护的愈发重视，在社区中实现儿童友好逐渐成为推进我国儿童友好城市建设的重要环节。国家层面也在依托社区提供托幼服务、儿童文体活动和阅读娱乐场所、室内外安全游戏活动等方面有了一定的顶层设计，越来越多的地方城市也开始用实际行动响应国家政策。

1.3 概念界定

（1）儿童

联合国将儿童年龄上限定为 18 岁，中国学术界的界定一般为 14 岁，建筑界的一般界定 0~12 岁为儿童期，12~18 岁为少年期，其中儿童期分为：0~3 岁托儿组，3~6 岁幼儿组，7~12 岁小学组。

（2）儿童友好社区

本书所指的儿童友好社区是以保护儿童权利为核心，为儿童身心发展提供全面支持，对儿童和育儿家庭有友好态度的社区，体现的是一种儿童与居住环境之间积极互动、亲近友善的居住形态，也是一套社区层级全面保障儿童生存权、发展权、受保护权、参与权的公共政策。儿童友好社区是从儿童保护与发展、居住、健康、社会参与等特殊需求的角度出发，为儿童及育儿家庭创造具有日常生活支持和游戏可供度的、安全、连续、共生的空间环境，以及提供了医疗、教育、体育、社会参与等支持性设施和服务的社区。

1.4 本书结构

城市化和信息革命的潮流是不可逆转的，在万物互联的数字生态文明进化的过程中，生活空间也逐渐走向信息化、扁平化、社群化，如何把握和利用儿童与社区生活空间的关系，规划并实现儿童友好社区，找到高效普适的行动机制，对于促进儿童发展、支援育儿家庭、缓解少子化、带动社会经济的可持续发展有着十分重要的意义。

本书按照“需求—规划—设计—参与”的逻辑主线，系统分析近十年来我国儿童友好社区的规划理论与实践发展的特征、模式与经验，为儿童友好社区的空间规划设计、公共政策和行动机制的制定提供学术支撑。第一章为绪论，介绍了快速城市化对儿童生活环境的影响、少子老龄化对育儿支援环境的挑战以及数字信息化对儿童游戏环境的冲击三大背景；第二章从儿童发展心理学、环境行为学、城市社会学等理论入手，来探讨社区环境对儿童发展的影响特征、儿童与社区的互动关系，深入剖析当前城市社区儿童友好的需求问题和理论基础；第三章关注的是如何规划，从社会政策友好、成长空间友好、公共服务友好、权利保障友好、发展环境友好五大维度系统性地回答“儿童友好社区规划是什么”的问题，并结合国内外的经典案例进行解读；第四章关注的是如何设计空间，从安全性、趣味性、自然性、社交互动性、多功能性与激发自主性对社区儿童友好活动空间设计的理论基础与原则、设计策略与案例进行分析；第五章关注的是如何鼓励儿童参与到社区设计的活动中，从参与式设计的基础理论入手，介绍相对成熟的儿童参与工具和形式，将儿童参与融入规划、建造、评估、维护过程中，并有针对性地分析相关国内外案例；第六章的内容为儿童友好社区的未来展望，从政策制定、设计模式和治理机制三个方面入手，对今后国内儿童友好社区的发展规划与应用路径提出综合性建议，推动儿童友好理念在社区层面全面普及与落地实施（图 1-6）。

本章参考文献

[1] 荆晶 . 童之境：斯德哥尔摩体验 [M]. 上海：上海远东出版社，2016.

[2] SHERIDAN M D. Children’s developmental progress from birth to five years：the stycar sequences[M]. UK：NFER，1975.

[3] 沈瑶，刘晓艳，刘赛 . 基于儿童友好城市理论的公共空间规划策略——以长沙与岳阳的民意调查与案例研究为例 [J]. 城市规划，2018，42（11）：79-86，96.

[4] 大村璋子 . 遊び場づくりハンドブック：自分の責任で自由に遊ぶ [M]. 東京：ぎょうせい株式会社，2000：157-160，3-9，15-16.

[5] 祝贺 . 美国游戏场运动的产生与发展（1880-1920）[J]. 外国教育研究，2018（2）：55-66.

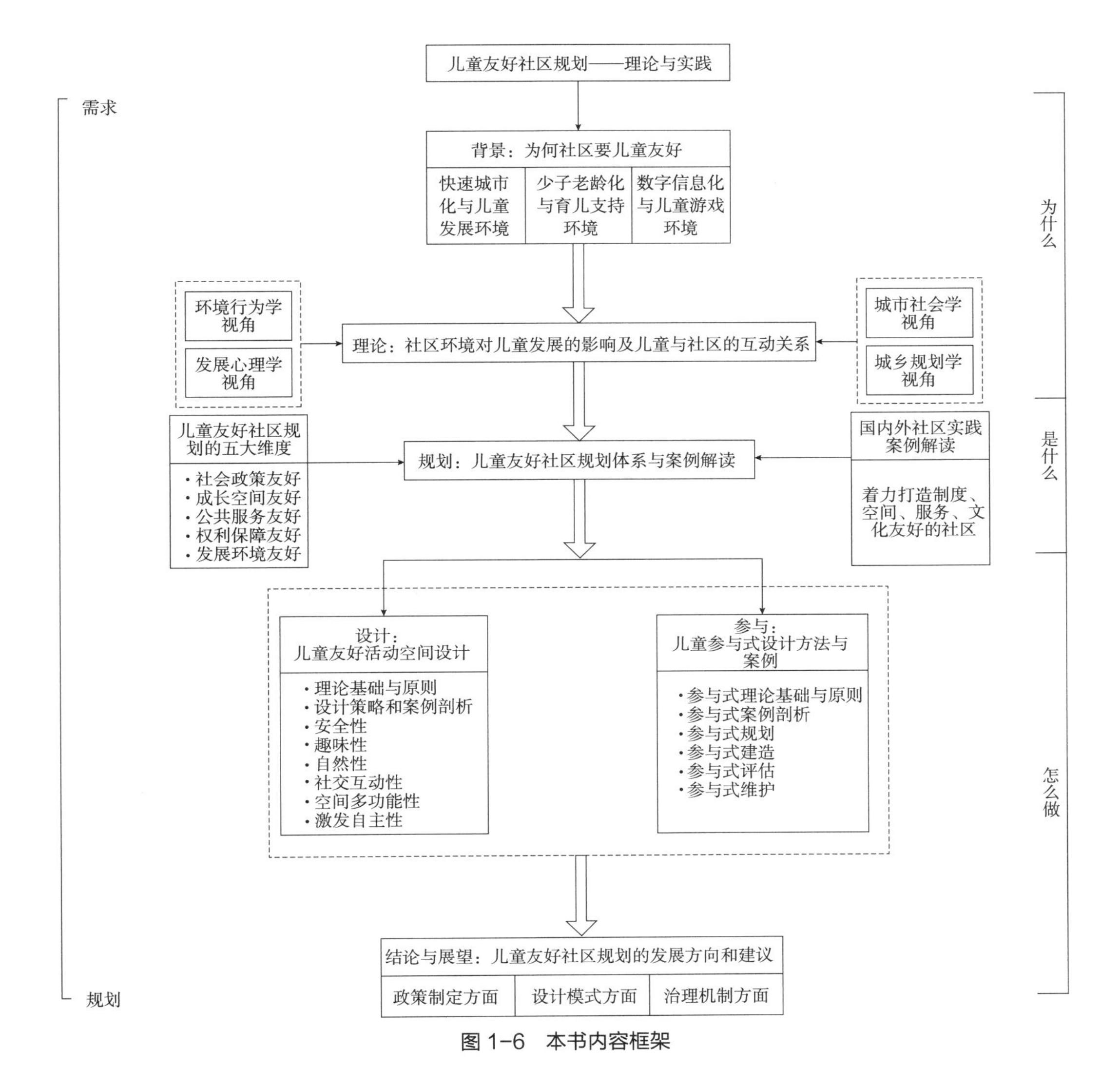

图 1-6　本书内容框架

[6] 中华人民共和国国务院新闻办公室 . 中国儿童发展纲要（2011—2020 年）[EB/OL]. [2011-08-08]. http：//www.scio.gov.cn/ztk/xwfb/46/11/Document/976030/976030.htm.

[7] 联合国儿童基金会 . 构建儿童友好型城市和社区手册 [EB/OL]. [2019-05-01]. https：//www.unicef.cn/reports/cfci-handbook.

第 2 章　需求：为何社区要对儿童友好？

改革开放以来的快速城镇化坚持以经济建设为中心，给人们的社区生活空间、出行空间、社交网络带来了翻天覆地的变化，也给儿童成长环境带来了巨变。这种巨变对儿童产生了什么样的影响？这是一个十分复杂的城市课题。物质环境对儿童发展的影响是综合的，是家庭、学校、社会环境三位一体的。对当前的城市大众而言，家庭和学校环境的重要性不难理解，但长期被遗忘和忽略的是社区环境对儿童的影响。儿童是未来社会的主人，2020 年的新冠疫情也提醒我们，我们培养的儿童应具备更强的共同体意识，未来社会面对危机时才能更加团结。社区环境对儿童发展的作用是怎样的？为何社区要对儿童友好？儿童与社区之间究竟存在怎样的互动关系？这些是本章要探讨的主要话题。

2.1　社区是儿童成长的重要场域

2013 年 5 月 29 日，习近平在同全国各族少年儿童代表共庆“六一”国际儿童节时强调，孩子们成长得更好，是我们最大的心愿。社区作为由多元主体和多类机构在共同活动中形成的互动关系所结成的具体综合的生态式基层自治组织[1]，由于就近入学原则，社区环境聚合了社会、学校和家庭三个层次的空间。可以说，社区承载了儿童和家长大部分的日常生活行为，对于儿童的身心发展有着极为重要的影响，是儿童成长最重要的场域。

2.2　社区对儿童发展的关键作用

2.2.1　环境支持

非洲有句古谚语：“培养一个孩子需要一个村庄”，可看作早期人类对于社区与儿童关系的感性认知。让·皮亚杰（Jean Piaget）在认识发展论中提出，“社会环境的作用与平衡化”是儿童发展的四大条件之一。家、学校、社会是儿童发展的三大环境，而社区环境从空间范围上看有三类环境的交融，对儿童身心健康发展有着重大意义。较早城市化的欧美国家发现，快速城市化带来的社区环境中道路机动化、住宅高层高密度化对儿童发展造成了负面影响。20 世纪初美国的高密度社区中，儿童因缺乏游戏活动空间，在人车混杂的街道中过度聚集带来了大量社会问题，引发了美国著名的“游戏场运动”。凯文·林奇在《为了青少年的环境》中指出，社区环境在促进活动、帮助发育、给予满足三个维度上为儿童发展提供支持（20 世纪 70 年代，图 2–1）。儿童的生活行为主要分为日常生活、学习、游戏、家庭社会相关活动四个类型。随着我国小学就近入学政策的制定，新建小区小学配置日渐健全，城市儿童的生活空间中逐渐将教育空间纳入社区。

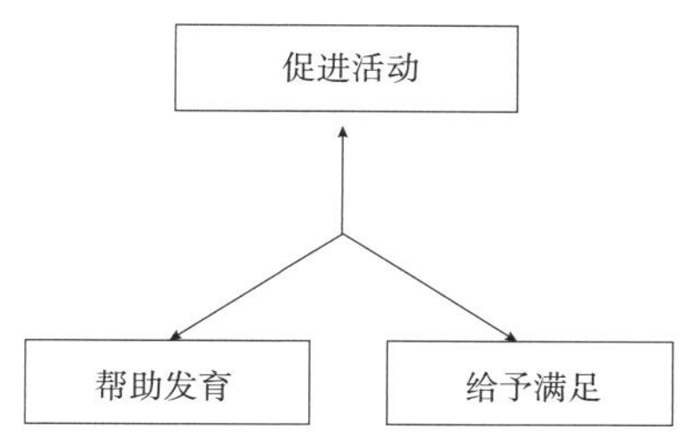

图 2–1　社区环境的三次元模型理论

另外，游戏是儿童的本能，游戏是儿童个体与环境的交流手段，是社会文脉性延续的重要途径。儿童喜欢的游戏中总包含着适合其个性的内容，才能让儿童有不怕失败的持续力，促进儿童的持续发展 [2]。社区日常生活环境中游戏对于儿童的社会性、身体协调性等身心全面发展的意义不容忽视。20 世纪 60 年代的西方发达国家，儿童和青少年虽有好的卫生和营养条件，但精神上的贫乏却依然存在，“……陷入压抑、暴力、非正当行为、吸毒困境的人却不断增加……在英国的法定学校中教养一个不良少年，一周大概要消耗掉 20 英镑” [3]。如果孩子们能快乐而充实地在游戏场度过童年，养育的费用就会大大降低。20 世纪 80~90 年代，居住区儿童游戏场的规划设计及儿童友好的社区营造成为日本社区建设与更新的重要课题。

国内关于社区游戏场设计的早期专著可追溯到方咸孚 1986 年编写的《居住区儿童游戏场的规划与设计》，开始关注居住小区为儿童专属的游戏场设计。随着 20 世纪 90 年代房地产开发热潮的推进，居住小区儿童游戏场的设计成为地产设计中提升居住品质的重要内容，也是市场需求使然。笔者梳理集合住宅小区在中国发展的文脉可知，我国居住区规划中的游戏场空间经历了从以原始的集合住区边缘空地、绿地空间为主的“第一游戏空间”的无规划时代，到儿童专属的、有游具及场地设计的“第二游戏空间”的

"弱规划"和"被动规划"时代，至今已经进入"第三游戏空间"的"主动规划"时代。2015年我国进入存量发展与城市更新时期，以长沙、深圳为首的儿童友好城市规划理念实践快速推广，游戏空间的建设与改造被纳入城市公园建设、新兴居住区建设和老旧小区的更新中，标志着游戏空间规划进入城市"主动规划"时代。2015年"第三游戏空间"开始萌芽，从2016年城镇棚户区与城中村改造，到2020年全面推进城镇老旧小区改造，再到2021年儿童友好城市建设被正式写入国家"十四五"规划等，体现了居住区规划中游戏场空间设计的不断探索。（图2–2、图2–3）。

与此同时，近十年来学界从空间设计角度研究儿童活动规律、提升社区户外活动空间儿童友好性的实证研究也有快速萌芽与发展，如实证高层居住环境对儿童户外活动的

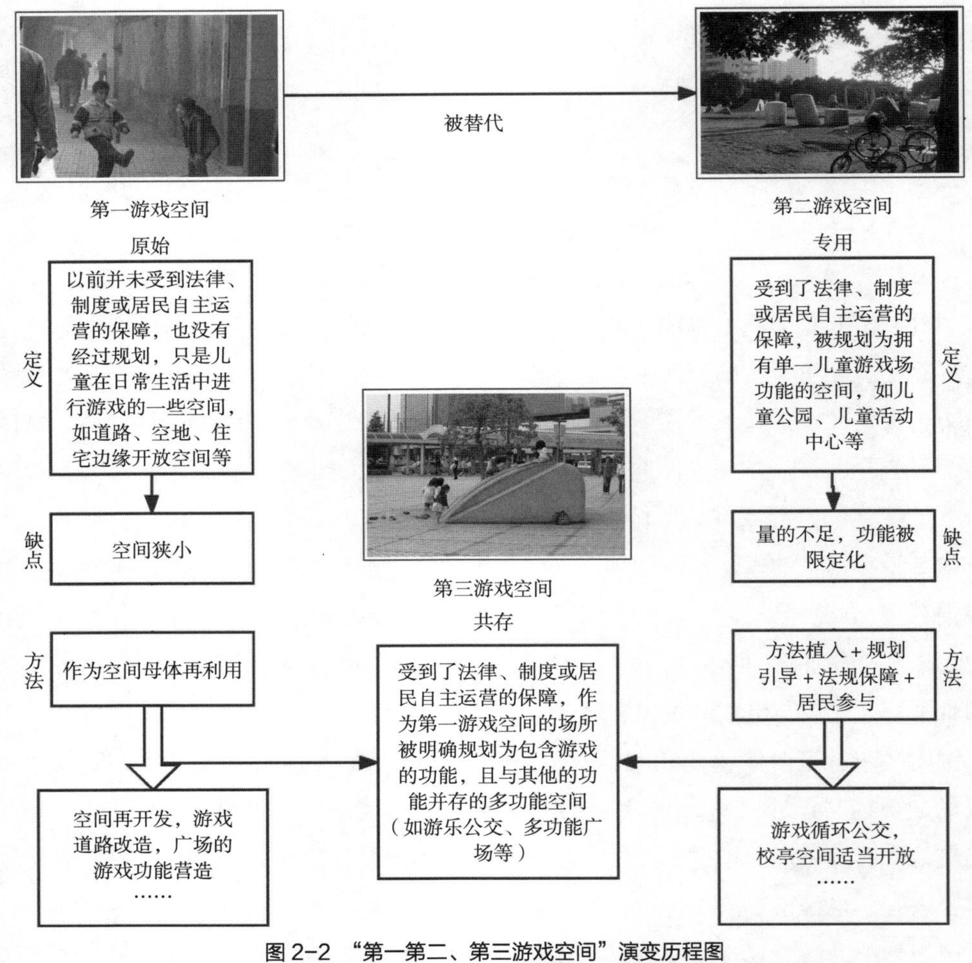

图2–2 "第一第二、第三游戏空间"演变历程图

图片来源：沈瑶，木下勇，贺磊.高层居住小区儿童游戏空间发展特征与更新方向[J].人文地理，2015，30（3）：28–33

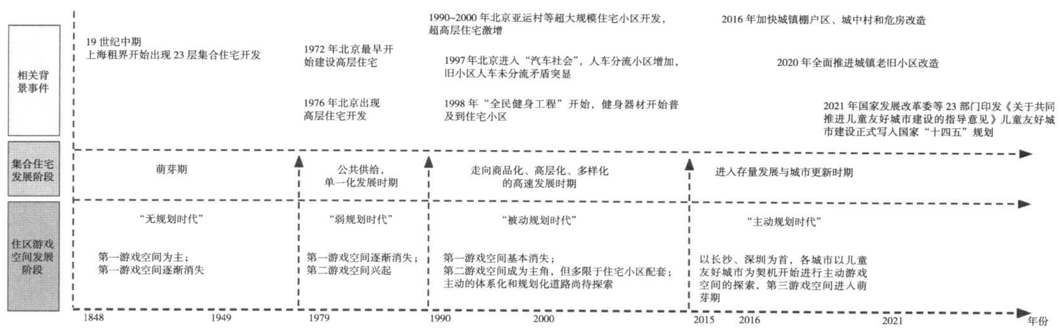

图 2–3　中国居住区游戏空间的发展特征年表

负面影响[4]，发现“非正式”的街头空地和道路两侧是大城市儿童经常活动的空间[5]等。社区环境作为承载户外游戏与交往活动的场所，对于儿童发展的作用逐渐被国内学者关注。

尽管社区环境对儿童的发展有支持作用，但在我国快速城镇化建设过程中却被长期忽视，导致了大量的儿童问题。国家卫健委于 2019 年发布了《健康中国行动——儿童青少年心理健康行动方案（2019—2022 年）》，其中明确指出，儿童和青少年的抑郁症检出率总体呈现逐年上升趋势并随着年级的提升而增加，心理和行为问题的发生概率和精神障碍患病率也正逐年增长[6]。此外，儿童的肥胖、近视和安全等问题也日益增多。研究人员认为，人际关系和生活习惯是影响儿童身心健康发展最直接的因素，而良好人际关系与健康生活习惯的建立也与城市的居住环境和社区品质息息相关。

从宏观层面来看，随着我国人口流动速率不断提升，流动儿童[7]和留守儿童①作为大量青壮年劳动力从农村迁徙到城市的“产物”，由于地缘关系的肢解和社区环境的缺陷，其身心发展也存在诸多问题。而微观层面上，城市的发展在推动社会进步的同时，对儿童的成长和居住环境也产生了巨大的影响，如住宅高层化、道路机动化和电子媒体的发展等也使得城市开发难以和儿童身心健康呈正相关发展。

为儿童发展提供多样化的游戏活动空间资源与伙伴资源是社区环境最重要的功能。从儿童可独立步行走出自家住宅开始，其成长所需的生活空间就逐渐扩大到社区的游戏场、教育空间以及各类公共空间，如放学途中的游戏场，有必要先将其纳入生活行为体系中，从整体上分析儿童与住空间的对应关系，尤其注意儿童生活行为自立度的发展和所需住空间圈域（表 2–1）的变化。儿童如蚕，社区环境如茧，儿童要在其中与多样性的环境相互作用，并进行自我变化与适应，最终走进社会大生态圈中。

---

① 留守儿童是指父母双方外出务工或一方外出务工另一方无监护能力、不满 16 周岁的未成年人。

儿童与住空间的对应关系表 **表 2-1**

主要生活行为		0~3 岁（托儿期）		4~6 岁（幼儿期）		7~12 岁（小学）		行为意义
大类	细类	行为发生主要空间	自立情况	行为发生主要空间	自立情况	行为发生主要空间	自立情况	
睡眠		a	○→●	A	.	a	●	生命维持必需
进食	家庭就餐	a	○	A	○→●	a	●	
	学校（园）就餐	—	—	c	○→●	c	●	
生活准备	洗澡洗漱	a	○	a	○→●	a	●	
	更衣	a	○	a	○→●	a	●	
	入厕	a	○	a、c	○→●	a、c	●	
学习	在校（园）学习	—	—	c	○→●	c	●	进入社会前的知识储备
	父母引导学习	—	—	a	○→●	a	●	
	独自学习	—	—	a	○→●	a、A	●	
游戏	在宅游戏	a	○→●	a	●	a、A	●	生命发达的必须
	户外游戏	b	○	b	○→●	b、c、d	●	
其他活动	看电视	a	○	a	○→●	a	●	社会中的生活活动
	玩电脑游戏	—	—	a	○→●	a	●	
	外出购物	—	—	d	○	d	○→●	
	放学（放园）	—	—	b、c	○	b、c、d	○→●	
	学校的课外活动	—	—	—	—	c、d	●	
	独处思考	—	—	—	—	a、A	○→●	
	朋友交流	a、b	○	a、b、c	○→●	a、b、c	●	
	帮父母做家务	—	—	a	○→●	a	○→●	
	家庭娱乐	a	○	a	○→●	a	●	
	集体出游	d	○	d	○	d	○→●	

注：●表示自立，○表示不能自立，○→●表示从不能自立到能自立的过渡期。

住空间即居住区住宅空间和外部空间，对应儿童的生活行为来说可以分为如下几个层次：A- 儿童个室（据儿童私密性发展需求特别限定）；a- 住宅内部空间；b- 居住区内的户外空间；c- 居住区的教育空间（主要指幼儿园或学校）；d- 居住区内及周边的公共空间。

2.2.2 情感培育

“原风景”[8] 由日本建筑学界提出，强调儿时居住环境对儿童感性的培育。建筑家仙田满调查了 50 余位日本建筑家的童年生活“原风景”手绘图，用以证明“原风景”对人一生的重要影响[9]。他于 2004 年创立日本儿童环境学会，整合多个学科共同思考儿童友好环境建构的问题。近年来，社区社会交往和环境体验对儿童的情感培育作用也逐渐被更多学者研究证明。千代章一郎通过持续的儿童参与公共空间设计工作坊揭示了社区公共空间孕育儿童“公共感性”的过程以及有效的介入手段 [10]。

在儿童到成年人的转换期，儿童丰富的感受性体验和以感性捕捉到的生活空间，在孩子的成长过程中有着巨大的影响。感知影响分为建成环境和社会环境两个层面，建成环境影响因素包括居住区建设密度、邻里空间形态、土地利用、整体环境美感、慢行交通方式、公共空间系统等因素；社会环境影响因素包括玩伴、家长对邻里活动的感知、个体活动性等因素 [11]。多奈尔（O’Donnell W.）认为，童年时期和外部环境的关系会影响到一个人的感知、评价和构建世界观和价值观的方式 [12]。环境给予的刺激作为可感知的意象，让我们的情绪和理念有所寄托。感官刺激具有潜在的无限可能性，让每个人的脾气秉性、目的以及背后的文化力量都决定着他在特定时刻所作的选择（爱和价值观）[13]。研究儿童时代的“原风景”，也是研究这一过程中的转换与存留，蕴含着对集体记忆传承的希冀。

20 世纪 80 年代末至 90 年代初，受地理学家段义孚的“恋地情结”论 [14]、性别地理学、后现代地理学的影响，地理学领域将儿童视为一种“生活者”，以研究儿童生活的地方与空间为对象的儿童地理学在人文地理学中发展起来。2000 年后，地理学者摩根 ①（Morgan）研究了“地方依恋”（Attachment to Place）是如何在亲子依恋的基础上发展形成，揭示了作为亲子依恋主要存在环境的“社区”与地方依恋的高关联性。

儿童对社区的“原风景”受到儿童自身及环境的综合影响，且与儿童的身体活动有较大的关系。随着儿童研究的逐渐深入，与儿童身体活动有关的社区环境感知研究，在近些年来成为西方发达国家环境心理学、城市规划、园林设计、地理学等相关领域的研究关注点。这些研究也揭示了儿童感兴趣的环境类型，儿童怎样判断环境中的活动机会，以及儿童的家乡归属感等，从而进一步指导人居环境设计与理论的发展。

2.2.3 在地教育

此方面研究主要来自社会学、教育学和经济学，主要聚焦社区与学校教育（含幼儿园）、家庭教育的联动。社会学的理性行动论奠基人詹姆斯·科尔曼（James S. Coleman）通过大量调查证明了校外环境影响的重要作用，提出了“集体社会资本高的社区中儿童不会变坏”的观点，其所著《科尔曼报告》对美国教育产生巨大的影响。经济学家詹姆斯·赫克曼（James J.Heckman）长期关注早期儿童发展干预与经济发展的关系，指

① 摩根认为“地方依恋”开始于儿童期的地方经历，对于外界环境的“探索”和亲子依恋行为之间循环的方式促进了其发展。

出社会应特别关爱 3 岁前的弱势儿童，家长应注重灵活运用社区生活环境培养儿童的非认知能力，这种能力持续影响着人的一生，并左右其成功概率。1996 年希拉里（Hillary Diane Rodham Clinton）著书《举全村之力》，鼓励民众走向社区共育。2015 年日本文科省大臣下村博文表示，“日本公立中小学应向社区学校发展”。幼儿园、家庭、社区协同共育也是我国学前教育较为重视的领域。李晓巍等学者指出此类“社区协育”自改革开放后有不断发展，但现实仍然以幼儿园教育为主导，存在“不协同”现象[15]，原因主要有缺乏专门的政策规章与监督机制、相关理论与实证研究有待加强等。

家庭环境、学校环境、社会环境是儿童成长的三大实体环境，社区作为我国社会基层治理单元，按照就近入学原则，一般在空间布局和管理职能上会包含家庭和学校环境。可以说社区环境是家庭、学校、社会三层次空间的叠合体，承载了儿童及家长大量的日常生活行为，具有重要的环境支撑和综合教育功能（图 2-4）。但由于现阶段我国社区教育能力较弱且并未形成系统的教育方式，社区的开放性、多样性和易感染性等特征也使得儿童在价值观和道德意识的形成过程中容易受到不良知识和文化的影响。因此，需要进一步培养“社区环境”对儿童成长重要性这一社区共识，探索将学校的教化影响、社区空间的教益功能和家庭的支撑作用有机联系的协调路径，同时不断开发社区的教育力（如建设社区图书馆、社区校外教育基地、儿童活动中心、社区公园和儿童阅览室等）[16]，才能使社区更加有助于儿童的健康成长。

同时，随着互联网信息技术的快速发展，网络环境对于儿童成长的影响也不容忽视。数字化时代城市和乡村儿童的成长环境也逐渐转变为以社区空间为主载体，家庭、社会、学校、网络四位一体虚实结合的综合环境[17]。以儿童友好为核心，在社区环境教育中引入数字化教育和服务，引导社区的更新，提升社区教育力并重塑教育生态对于儿童的全面发展也十分重要。

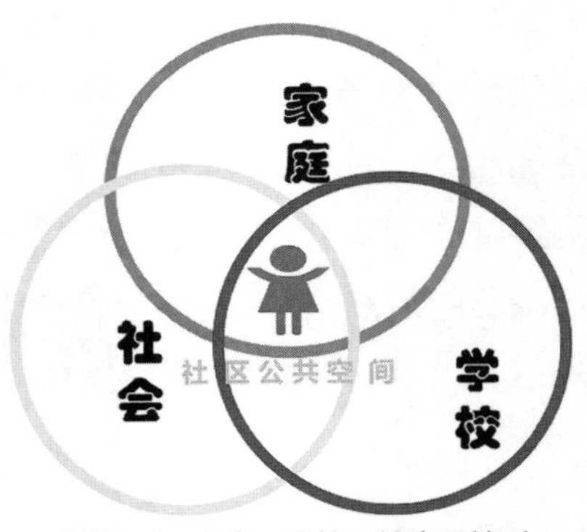

图 2-4　家庭、学校、社会环境对儿童三位一体的环境影响示意图

2.3 儿童友好对于社区建设的重要意义

德国社会科学家滕尼斯（Ferdinand Tönnies）1887 年在《社区与社会》中最早提出“社区”是通过血缘、邻里和朋友关系建立起的人群共同体，这也是“社区共同体”概念的起源。19 世纪初工业化和城市化的发展导致社会结构变革和大量社会问题产生，西方社会对于社区共同体的研究逐渐发展起来，其中“社区消失论”观点研究可追溯到滕尼斯、涂尔干（Émile Durkheim）、齐美尔（Georg Simmel）等传统社会学家，他们认为城市化和工业化的发展削弱了社区的主要联系和作用，使个人原子化特征日益明显，导致人际关系的弱化和社会认同感的降低，社区共同体逐渐消失。类似的“社区消失”现象在中国 40 余年的城镇化过程中也有出现，如何将社区治理中的情感政治与利益政治相结合，对社区治理极为关键。儿童在促进社区情感政治形成上有天然优势，在适当的引导和空间支持下，儿童可以更有效地链接家庭和老人，形成有地缘性的社区共助网络，对于社区共同体的形成意义重大[18-19]。国际上较早从社区共同体建构观点看到儿童作用的是英国环境学家罗杰哈特（Roger A.Hart），他强调真正的儿童参与有利于解决影响他们成长的社区环境的诸多问题，提倡用工作坊的形式让儿童参与社区公共空间的设计、建造与维护。美国规划学者罗宾摩尔（Robin Moore）也看到了快速城市化后社区共同体消失的问题，提出“建一个社区需要一个孩子”。日本横滨县的“西柴樱花茶室”是一个在政府政策引导下，由社区居民创办的老幼共生型社区餐厅，其功能还有晨间私塾（由社区老人义务为儿童辅导功课）、照料老人、育儿支援、购物支援等，因活动丰富及邻里参与积极，最终实现了无需政府补助的可持续经营，促进了代际交往与社区融合。2011 年日本福岛大地震后，以儿童为主体的“避难地图”[20] 系列工作坊是儿童参与促进社区交往、抗逆力形成的优秀范本，实践该项目的学者指出在应对公共灾害领域，有组织的儿童参与在促进居民互信、共助等方面效果显著。

自 20 世纪 90 年代开始，在城市规划由增量规划向存量规划转型的背景下，我国开始大规模的城市更新。在此过程中，如何满足人的需求、激活社区活力、培养居民对社区的归属感和热爱、塑造社区魅力是当前以人为本的社区更新急需解决的重要问题。国内实践方面，儿童对社区的凝结作用在社会工作和社区营造实践活动中备受关注，如上海四叶草堂创智农园的“小小景观师”、南京翠竹园社区互助会的“小小建筑师”等活动作为一种“社区自组织产品”，对社区共同体的建构起到了积极作用。随着社交媒体技术发展和育儿需求的增长，家长自发以社区为活动单元的拼养、“遛娃团”也日益增加。根植社区的共助型育儿社群、有儿童及育儿家庭参与的社区营造志愿活动已在中国萌芽并发展。

综上所述，儿童与社区之间存在一种双向促进的关系。从目前中国社区共同体及儿童发展的现实需求来看，儿童与社区互动关系的理论研究与实践应用的价值很高，尤其是儿童对社区共同体的凝结作用，在日常交往、生活互助、老幼共生、社区抗逆力培养等方面都有很好的体现，最终能转化成有力的社会资本，减少社区治理成本，对社区情感政治的形成意义重大。“儿童友好”理应是当前社区共同体的核心属性之一。以儿童为抓手带动居民持续参与社区公共事务、激发社区活力，以儿童友好带动全龄友好社区的建设，促进社区公共空间更新和公共服务资源整合和多元治理，对于推动社区在社会、经济、文化、环境方面的可持续发展意义重大。

本章参考文献

[1] 庞庆举 . 社会治理视野中的社区教育力及其提升研究 [J]. 教育发展研究，2016，36（07）：23–30.DOI：10.14121/j.cnki.1008–3855.2016.07.006.

[2] SHERIDAN M D. Children’s developmental progress from birth to five years：the STYCAR sequences[M]. UK：NFER，1975.

[3] アレソ・オブ・ハートウシド卿夫人 . 都市の遊び場 [M]. 大村虔一，大村璋子訳，译 . 東京：鹿島出版会，2009.

[4] 林晨薇，韩西丽，范京 . 土地开发强度对儿童户外体力活动的影响——以深圳市为例 [J]. 城市规划，2018，42（11）：97–102.

[5] 翟宝昕，朱玮 . 大城市儿童户外活动的时空特征研究——以上海为例 [J]. 城市规划，2018，42（11）：87–96.

[6] 中华人民共和国国家卫生健康委员会 . 健康中国行动——儿童青少年心理健康行动方案（2019—2022 年）[EB/OL]. [2019–12–26]. http：//www.nhc.gov.cn/jkj/tggg1/201912/6c810a8141374adfb3a16a6d919c0dd7.shtml.

[7] 谢东虹，段成荣 . 迁徙中国视野下流动儿童和留守儿童发展与乡村振兴 [J]. 中国民族教育，2021（12）：20–23.

[8] 藤本浩之輔 . 子どもの遊び空間 [M]. 東京：日本放送協会，1974：11–26，3–4，191–198.

[9] 仙田满 . 子どもと住まい – 五〇人の建築家の原風景 [M]. 東京都：住まいの図書館出版局，1990：283–289.

[10] 千代章一郎 . 歩く子どもの感性空間—— みんなのまちのみがきかた [M]. 東京：鹿島出版会，2015.

[11] 刘梦寒 . 城市儿童的社区空间意象特征研究 [D]. 长沙：湖南大学，2020.

[12] HESTER R，O’DONNELL W. Inner and outer landscapes –integrating psychotherapy with

design[J]. Journal of the School of Architecture & Planning（University of New Mexico），1987，5：30–36.

[13] 延藤安弘.「まち育て」を育む[M]. 東京：東京大学出版社，2001：58–61，63–64.

[14] 段义孚.恋地情结[M]. 北京：商务印书馆，2018.

[15] 李晓巍，刘倩倩，郭媛芳.改革开放40年我国幼儿园、家庭、社区协同共育的发展与展望[J]. 学前教育研究，2019（2）：12–20.

[16] 闫振联.论学校社会工作的目标[J]. 教育界，2010（16）：23–24.

[17] 刘磊，石楠，何艳玲，等.儿童友好城市建设实践[J]. 城市规划，2022，46（1）：44–52.

[18] 罗家德，梁肖月.社区营造的理论、流程与案例[M]. 北京：社会科学文献出版社，2017.

[19] 熊易寒.社区共同体何以可能：人格化社会交往的消失与重建[J]. 南京社会科学，2019（8）：71–76.

[20] 木下勇，山本俊哉，重根美香，等.多様な災害からの逃げ地図の作成・活用に関する研究（1–14）[J]. 都市計画，2016–2017.

第3章　规划：如何规划儿童友好社区？

3.1　理论基础

3.1.1　儿童友好城市倡议

本书绪论中曾提到，20世纪60~70年代儿童与城市发展的倒三角悖论引起了国际城市规划学者的关注。以凯文·林奇为首的学者开始关注城市空间变化对儿童发展的负面影响并开展大量国际比较研究，并最终由凯文·林奇牵头开始了联合国教科文组织的“在城市中成长”（Growing UP in Cities，GUIC）项目。他率领团队调研了波兰的华沙和克拉科夫、澳大利亚的墨尔本、墨西哥的墨西哥城和托卢卡、阿根廷的萨尔塔这六座城市的青少年空间环境，并于1977年编著出版了六城的考察报告。该报告提出“人们不断地向城镇和城市迁移。城市化往往伴随着困难，有时往往是少年儿童承受着最沉重的负担……少年儿童自己对‘在城市中成长’的感受如何？他们既是今天的孩子，也是未来会走向代沟另一边、去面对此问题的成年人。从更广泛的角度来看，他们对自己生活环境的主观感受和所有城镇居民的主观感受一样，必须被重视，这是提升我们城市生活质量的重要因素，而却往往被忽视。”[1]

1996年在联合国第二次人类居住会议（UN Habitat Ⅱ）上，联合国儿童基金会和联合国人居署共同发起“儿童友好城市倡议”（Child Friendly City Initiatives，简称CFCI），正式提出了“儿童友好城市”（Child Friendly City，简称CFC）概念。在儿童友好城市官方网站①上，联合国儿童基金会将其定义为：“一个城市、城镇、社区或任何地方治理系统，致力于通过实现《联合国儿童权利公约》中规定的儿童权利来改善其管辖范围内儿童的生活。”

① 儿童友好城市官网：http：//childfriendlycities.org/overview/what-is-a-child-friendly-city/。

另一个不容忽视的背景是，“儿童友好城市”是在《儿童权利公约》的基础上提出来的，可以看出其定义完全遵守该公约的四大原则①。

其中，保护儿童权利是其核心的内容，尤其是儿童参与②。儿童参与本身不仅是一项权利，也是在家庭、学校和更大社区范围内行使所有其他权利的先决条件。安全和友好的城市环境（包括物质空间环境和社会环境）是实现“儿童友好城市”的基础。

2004 年联合国儿童基金会发布了《建设儿童友好型城市：工作框架》工作手册，其中将建设板块更新为如下九项：①儿童公共参与；②儿童友好城市法律支持框架；③全市范围的儿童权利政策；④每一项儿童权利和对应机制；⑤儿童评估和评价；⑥儿童财政预算；⑦定期全市儿童状况报告；⑧大力宣传儿童权利；⑨为儿童开辟独立的宣传板块。这九项内容如同房子的骨架，为每个城市政府因地制宜地建设儿童友好城市提供了基本的框架和方向。2018 年，联合国儿童基金会与国际城市与区域规划师学会（ISOCARP）共同发布了《儿童友好型城市规划手册：为孩子营造美好城市》（*Shaping llrbanization for Children—A Handbook on Child-Responsive Urban Planning*），呼吁所有城市都应致力于推广和实现儿童权利和城市规划的十项原则：①投入；②住房和土地权属；③公共服务设施；④公共空间；⑤交通系统；⑥水和卫生综合管理系统；⑦粮食系统；⑧废弃物循环系统；⑨能源网络；⑩数据和信息通信技术网络，也提出在城市规划层面要通过多尺度规划城市空间、鼓励儿童和其他利益相关方的参与、利用地理空间等数据平台这三种方式，促进儿童友好城市规划方案的拟定和落地实施。

近二十多年来，在联合国人居署和联合国儿童基金会的倡导以及各国研究者的努力下，儿童友好城市的相关理论已逐渐发展成熟。社区层级的儿童友好体系建构也是“儿童友好城市倡议”高度认同和鼓励的领域。“儿童友好城市倡议”从提出一开始就强调社区和地方自治的尺度，强调儿童权利得到切实保护，强调需要一个根植于儿童成长生活圈的（即广义的社区）、软件（社会环境）与硬件（物理环境）相结合的儿童保护体系的建立。目前联合国儿童基金会官网已经正式将“儿童友好城市”更名为“儿童友好城市和社区”（Child Friendly Cities and Community），“儿童友好城市倡议”也于 2015 年被联合国纳入可持续发展目标（SDGs），成为世界各国

---

① 1989 年的《儿童权利公约》是国际法中有关儿童权利最全面的表述，是第一个将地方经济、社会、文化、公民和政治权利统一起来的人权法工具。公约四大原则主要包括：不歧视原则；儿童权利最大化原则；生命权、生存权及发展权完整原则；参与权。

② 在 2015 年联合国儿童基金会官网公布的儿童友好城市定义保护的 12 项权利中，其中有 4 项是关于儿童参与的，包括：影响城市决策；自由地发表关于城市的意见；能够参与家庭、社区和社会生活事务；参与文化和社会性事务。

共同奋斗的目标。总体来看，西方国家在儿童友好城市和社区建设方面已初步形成较为完整的实施、评估体系。但大量的实践表明，建设儿童友好城市并不需要拘泥于固定的模式和路径，在不同的文脉背景下，其建设的侧重点可有所不同，如在发达国家，可能更侧重于提高休闲空间质量，而在低收入国家，保障基本的医疗卫生及基础设施等则是重点。

在国内，最早对联合国儿童基金会“儿童友好城市”的响应行动，可追溯到2008年四川汶川地震后的儿童友好家园项目。建立儿童友好家园是联合国儿童基金会在世界各地发生自然灾害和紧急情况的地区进行援助的一种常用措施，通过临时家园营造，为儿童提供教育、娱乐和保护，帮助儿童重新建立正常生活并且重拾对未来的希望。因震区缺乏儿童活动空间和场所，国务院妇女儿童工作委员会办公室和联合国儿童基金会一起在四川重灾区建设了四十多个儿童友好家园，培养了一批专业的志愿者，儿童友好社区的重要性也逐渐在中国有了意识萌芽。自2015年起，随着儿童友好城市理念逐渐被各地政府推广、被社会各界传播，在长沙、深圳、上海、成都、南京、北京等城市产生了不少有中国特色的儿童友好城市和社区的规划行动和优秀实践。2016年北京永真基金会联合中国社区发展协会和中国儿童少年基金会，发起了“中国儿童友好社区促进计划”项目。该促进计划迅速集合了国内各界专家与实践者的智慧与经验，以专刊、公众号传播的形式对儿童友好社区理念进行普及，得到了社会各界的认同并迅速发展到了标准研发阶段。2020年中国社区发展协会发布的《儿童友好社区建设规范》（T/ZSX 3—2020）聚焦于社区层级，是中国在儿童友好城市领域的首部行业团体标准，是“儿童友好城市倡议”与中国实践发展需求相融合的产物。“儿童友好城市倡议”在城乡规划学、社会学等领域的学术转译及本土化实践近年来发展迅速。

3.1.2 社区规划基础理论

“社区”这一概念较早出现在1871年H.S.梅因（H.S Maine）的著作《东西方村落社区》[2]和1905年西波姆（Seebohm）的著作《英国的村落社区》[3]中，两位学者均将村落视为社区，称之为“Village-Community”。在1887年，德国社会学家费迪南德·滕尼斯（Ferdinand Tönnies）出版了《礼俗社会与法理社会》[4]，将“社区”译为“Community and Society”。19世纪初，随着西方社会学传入中国，众多学者也开始对这一概念进行中国化探索。19世纪30年代，吴文藻先生提出了“社区”概念[5]，众多学者在讨论中也达成共识，将“Community”翻译为“社区”。时至今日，“社区”的概念仍十分宽泛，几乎没有一个明确的定义，《中国大百科全书》中将其定义为“以一定地理区域为基础的社会群体”，学术界对于“社区”的定义则多达 140 种。虽然每个学者在解释社区时，都有自己的定义，但仍有共识之处[6]，即社区是地域、共同联系和社会互动，由地域、人口、区位、结构和社会心理这五个基本要素构成。

随着我国城市规划学科对于人居环境的关注，“社区”的概念也逐渐被引入规划工作中，与社会学中的“社区”不同，城市规划中“社区”的研究重点主要是社区中人与人、人与环境的互动发展，目的是建成或改善社区内的物质和自然环境。社区规划[7]则主要是对一定时期内社区的空间资源开发和使用的发展目标、实现手段以及实施过程中其他相关资源的总体部署。具体而言，社区规划主要是以空间分析为主，通过综合考虑社区中的社会、历史、文化、空间、自然等各种基础条件，结合“自上而下”的空间战略和“自下而上”的社区成员需求，合理解决社区用地、建筑和空间三方面的问题，最终促进社区健康可持续的发展。此外，由于社区自身类型的差异，社区规划侧重的内容也有所不同，如智慧社区强调智能技术在社区中的创新与实践；绿色社区偏向于社区行动实施标准的设计；少数民族社区则需要着重考虑与宗教习俗相关的公共空间与设施的设计。儿童友好社区规划也是社区规划的一个重要类型。相较于普通社区，儿童友好社区的规划与设计主要是从儿童的参与、使用、保护、发展、居住和健康等需求视角出发，为儿童和育儿家庭创造具有日常生活支持和游戏可供度的，安全、连续、共生的公共空间环境，以及提供医疗、教育、体育、社会参与等支持性设施和服务的社区。

3.2 系统特征

3.2.1 国际倡议的目标与核心

联合国“儿童友好城市倡议”的行动愿景是构建一个对儿童友好的城市空间和治理体系，让“每个儿童和青年都能拥有愉快的童年和青年时光，在各自的城市和社区中，平等拥有自身权利，充分发挥自身潜力”。为了实现这一愿景，“儿童友好城市倡议”提出，地方政府及其合作伙伴应以如下五大目标为根本，确立各自城市及社区发展的具体目标：

（1）每个儿童和青年都应该在各自的社区中，受到地方政府的重视、尊重和平等对待；

（2）每个儿童和青年都有权表达自己的意见、需求和优先事项，任何影响到儿童的公共法律、政策、预算、程序以及决策，需充分考虑这些意见、需求和优先事项；

（3）每个儿童和青年都有权获取高质量的基本社会服务；

（4）每个儿童和青年都有权生活在安全、可靠、清洁的环境中；

（5）每个儿童和青年都有机会与家人在一起、享受游戏和娱乐。

此外，“儿童友好城市倡议”也设立了长期目标，即“通过建设地方利益相关方的能力，确保为儿童带来可持续的成果，不遗余力地促进儿童权利”。所以，CFCI 是一个持续发展的过程，其目标并不是要在 CFCI 的第一个项目周期内落实五大目标，而是要循序渐进地带来切实成果，并在此后的项目周期中，不断更新和拓宽目标范围。

“儿童友好城市倡议”的核心是儿童权利保护，应以联合国《儿童权利公约》中规定的四大儿童权利——生存权、受保护权、发展权、参与权——为核心，开展切实的儿童权利保护工作。我国早在 1992 年就加入了联合国的《儿童权利公约》，儿童权利保护工作也一直在不断进步和完善中。随着我国城镇化进程的快速推进，自 2015 年左右起，“儿童友好城市倡议”对中国城市规划的启蒙和引导作用开始萌芽与显现，其所设定的目标及核心的“儿童权利保护”也为中国儿童友好城市与社区规划指明了方向。在政府、学界、社会组织及民间力量等各方的共同努力下，中国儿童城市规划的理论体系与顶层设计逐渐发展起来。

3.2.2 规划的五大内容

2021 年，经国务院同意，国家发展改革委联合 22 部门印发《关于推进儿童友好城市建设的指导意见》（简称《指导意见》），旨在以儿童友好城市建设促进广大儿童身心健康成长，推动儿童事业高质量发展融入经济社会发展全局，让儿童友好成为全社会的共同理念、行动、责任和事业。《指导意见》中提出了推进儿童友好城市建设需要做到的“五大友好”，其具体内容如下：

（1）社会政策友好：制定城市经济社会发展规划时优先考虑儿童需求，推进公共资源配置优先满足儿童需要；制定城市各类儿童友好空间与设施规划建设标准，推进儿童友好理念融入城市规划建设；建立健全儿童参与公共活动和公共事务机制，推动儿童全方位参与融入城市社会生活；整合全社会资源增进儿童福祉，共同致力儿童发展。

（2）公共服务友好：鼓励支持企事业单位和社会组织、社区等提供普惠托育服务；关爱孤儿和事实无人抚养儿童；促进基础教育均衡发展；加强儿童健康保障，建设儿童保健服务网络；加强儿童医疗服务网络建设，做好儿童基本医疗保障工作；合理规划文体设施布局和功能，丰富儿童文体服务供给。

（3）权利保障友好：关爱孤儿和事实无人抚养儿童；推进残障儿童康复服务，鼓励公办机构开展康复业务，支持社会力量举办康复机构，加强康复救助定点服务机构管理；加强困境儿童分类保障。

（4）成长空间友好：加强城市街区、社区、道路，以及学校、医院、公园、公共图书馆、体育场所、绿地、公共交通等各类服务设施和场地适儿化改造，建设适合儿童的服务设施和标识标牌系统；加强儿童友好街区建设；改善儿童安全出行体验，保障儿童出行安全，增强儿童安全出行能力；拓展儿童人文参与空间，扩充儿童美育资源，增加儿童校外活动空间；开展儿童友好社区建设，建设社区儿童之家等公共空间，增加社区儿童“微空间”；开展儿童友好自然生态建设，推动多功能自然教育基地的建设；提升儿童密集场所灾害事故防范应对能力。

（5）发展环境友好：推进家庭家教家风建设；培养健康向上的精神文化，鼓励创作符合儿童特点的优秀文化产品，加强社会主义核心价值观教育；加强网络环境保护，聚焦网络直播、网络游戏等儿童上网重点环节和应用，持续净化网络环境；筑牢儿童安全发展屏障；防止儿童意外和人身伤害；积极预防未成年人犯罪。

社区是城市的基础组成单元，在《指导意见》的指引下，儿童友好社区的规划内容板块也围绕如上“五大友好”详细展开。

3.3 社会政策友好

社会政策友好指的是为实现儿童友好社区这一目标，乡镇、街道等基层政府作为牵头单位，从政策制定上保证儿童友好社区规划的实施，涵盖创建儿童友好社区需遵循的政策基础、组织机制、规划制定与实施、监测等具体措施与制度设计。

3.3.1 政策基础

政策基础是指政府为充分调动全社区儿童参与城市建设的积极性并具体推动成长空间友好、公共服务友好等相关行动及任务的实施，所制定的一系列政策框架、行动计划、建设规范等政策文件。政策制定也需要各个部门的通力合作，充分履行各自的工作职责和义务，落实儿童优先的系列社会政策。近年来，随着我国基层社区治理工作的积极推进、“儿童友好城市”理念的不断普及，从国家到地方层面的儿童友好的政策制定工作也取得了阶段性的成果，为中国儿童友好城市与社区提供了良好的政策基础。地方政府制定的儿童友好城市行动计划也明确有社区相关的具体内容和具体的牵头、协助部门，从长沙、深圳、成都、苏州等城市的儿童友好城市行动计划比较可以看出（表 3-1），社区的儿童友好建设涉及规划、民政、卫健、教育、交通等各个管理部门，牵头单位的选定和政策具体内容也需要充分结合当地的经济社会发展和行政机构职能划分的特点来制定。

长沙、深圳、成都、苏州儿童友好城市行动计划中与儿童友好社区相关的内容清单　表 3-1

行动计划	出台单位	与儿童友好社区有关的内容	牵头单位
《长沙市创建儿童友好型城市三年行动计划（2018—2020 年）》	长沙市自然资源和规划局、长沙市教育局、长沙市妇女联合会	建设儿童友好型示范城区、建设儿童友好型示范街区	长沙市自然资源和规划局
		在全市推广儿童友好型社区（小区）建设	长沙市城市人居环境局、长沙市住房和城乡建设局
		建设 20 所儿童友好示范学校，编制长沙研学实践地图和儿童通讯录	长沙市教育局
		建设儿童友好型示范公园	长沙市城市管理和综合执法局
		打造儿童友好型示范阅读空间	长沙市文化旅游广电局
		打造儿童友好型示范上下学路径	长沙市自然资源和规划局、长沙市教育局
		建设 100 个母婴室	长沙市总工会
		建设社区（村）妇女儿童之家	长沙市妇女联合会
		完成 50 所学校爱心斑马线、完善儿童安全报警系统、净化校园周边环境	长沙市公安局
		优化儿童卫生资源配置	长沙市医疗保障局、长沙市卫生健康委员会
《深圳市建设儿童友好型城市行动计划（2018—2020 年）》	深圳市妇女儿童工作委员会	建立儿童社区保护网络，开展困境儿童救助帮扶，加强儿童网优化儿童发展社会环境，健全儿童社会保护工作机制和制度	深圳市民政局
		选取试点示范地区，探索开展儿童安全出行系统规划，优化儿童上学路径，提升儿童街道活动安全，制定儿童安全出行系统指引，打造儿童友好型街道	深圳市交通运输委员会
		推广儿童安全出行系统建设，各区（新区）儿童友好型街道不少于 1 个	深圳市交通运输委员会
		加快推进母婴室建设，每年新建母婴室不少于 200 间，并按照不同的地区和场所制定差异化的母婴室建设标准指引	深圳市妇女儿童工作委员会、深圳市卫生和计划生育委员会
		在全市推广儿童友好型社区建设，改造社区儿童室内外生活环境及空间，改善社区儿童学习和卫生等公共服务设施，探索儿童与成人共同参与社区建设的活动模式，研究制定儿童友好型社区建设指引	深圳市妇女儿童工作委员会、各区政府（新区管委会）
		在全社会以自愿报名的形式，选取儿童代表，并在学校、社区等开展儿童权利公约及儿童参与培训，提高儿童参与能力，保障儿童参与权利	深圳市妇女联合会
		建立健全残疾儿童康复救助制度，建立 0~6 岁残疾儿童特别登记制度，实施社区流动儿童分性别登记制度，加强流浪儿童救助工作	深圳市民政局、深圳市残疾人联合会
		以党群服务中心为平台，加强“妇女儿童之家”建设，立足社区，因地制宜地提供教育培训、就业指导、心理咨询、婚姻调试、维权关爱、亲子教育、扶贫帮困、文体娱乐、社区参与等服务项目	深圳市妇女联合会

续表

行动计划	出台单位	与儿童友好社区有关的内容	牵头单位
《深圳市建设儿童友好型城市行动计划（2018—2020年）》	深圳市妇女儿童工作委员会	推动“爱心妈妈小屋”建设，解决女职工在生理卫生、哺乳方面的困难	深圳市总工会
		研究并制定深圳市儿童友好型公共空间建设指引，指导儿童相关的城市公共空间建设	深圳市规划和国土资源委员会
		研究将社区室内外儿童活动空间和设施的面积、服务规模等相关指标纳入《深圳市城市规划标准与准则》	深圳市规划和国土资源委员会
《深圳市建设儿童友好型城市行动计划（2021—2025年）》	深圳市妇女儿童工作委员会	完善社区、学校、医院、图书馆、公园、安全出行、母婴室、儿童参与、实践基地等各领域儿童友好建设指引	深圳市妇女儿童工作委员会
		加强社区儿童室内外生活环境、活动空间和公共服务设施的建设和提升	深圳市妇女儿童工作委员会
		规划建设体育特色主题公园和儿童体育公园，建设更多的社区体育公园，并增加儿童运动设施	深圳市城市管理行政执法局
		完善社区心理服务机构建设，鼓励专业社会工作者面向儿童及其监护人提供心理健康服务	深圳市卫生健康委员会
		加强托育机构专业化、规范化建设和管理	深圳市卫生健康委员会
		建立健全适应城市发展、满足家长和儿童需求的家庭教育指导服务体系	深圳市妇女联合会、深圳市教育局
		组建市、区两级儿童早期发展科学育儿指导专业团队，利用社区家庭发展服务中心、妇儿之家、托育机构等平台，普及科学育儿知识，提高家庭育儿能力	深圳市卫生健康委员会
《成都儿童友好城市建设实施方案（2021—2025年）》	成都市人民政府办公厅	社区为重要依托，培育以儿童为主体的议事组织，以自愿参与形式，面向不同年龄段儿童选取儿童代表，并在学校、社区等开展儿童参与培训，建立健全儿童参与公共活动和公共事务机制，畅通儿童参与渠道	成都市政府妇女儿童工作委员会办公室
		推动儿童参与社区发展治理，推广“红领巾”小提案活动，鼓励儿童表达自身发展诉求，提升儿童参与社区发展治理能力	成都市政府妇女儿童工作委员会办公室
		完善婴幼儿照护服务体系，发展普惠优先、形式多样的托育服务，规划建设社区婴幼儿照护服务设施，依托社区综合体、多功能服务设施以及国有闲置资产等配置托育园所，鼓励有条件的幼儿园（幼儿中心）开设托班，支持和引导社会力量依托社区提供普惠托育服务，推动普惠托育机构、企业自办托育园建设	成都市卫生健康委员会
		提升社区儿童活动空间，推进儿童之家建设提档升级，在每个中心村（社区）建设村（社区）儿童中心；着重针对社区（小区）公共文化服务中心、儿童专项服务设施、公共空间中儿童活动场所和服务设施、室内外儿童游戏场所、社区公园等方面进行完善提升，增加社区儿童“微空间”，鼓励社区打造儿童“游戏角落”，合理增设室内外安全游戏活动设施	成都市委组织部、成都市委城乡社区发展治理委员会、成都市政府妇女儿童工作委员会办公室
		加快推进母婴室建设，在女职工人数较多的企业、机关事业单位、工业园区、商务楼宇，以及人流量大的公共场所实现母婴室配备	成都市总工会

续表

行动计划	出台单位	与儿童友好社区有关的内容	牵头单位
《成都儿童友好城市建设实施方案（2021—2025年）》	成都市人民政府办公厅	推进家庭教育指导服务体系建设，建立家庭教育指导服务联动机制，推进社区家长学校、家长课堂建设，构建学校、家庭、社会协同育人体系，推进家校社联动	成都市政府妇女儿童工作委员会办公室
		筑牢儿童安全发展屏障，开展中小学生安全教育日活动，深化社区少年警校建设，推进“护校安园”专项行动，加强校园、校舍和校车安全管理	成都市公安局、成都市教育局
《苏州市建设儿童友好城市三年行动计划（2021—2023年）》	苏州市人民政府办公室	编制各类型儿童友好空间建设指引，如《儿童友好社区建设指引》和《儿童友好学校建设指引》等	苏州市政府妇女儿童工作委员会办公室
		畅通儿童表达渠道，保障儿童在家庭、学校、社区和社会生活中能自由、平等地发表意见	苏州市政府妇女儿童工作委员会办公室
		推进社区普惠托育服务提质扩面	苏州市卫生健康委员会、苏州市教育局、苏州市民政局
		打造两支队伍（儿童社区工作者和儿童社工），运用三个阵地（未保中心、儿童福利机构、儿童“关爱之家”），构建闭环式儿童关爱保护网络	苏州市民政局
		为社区儿童提供专业社工服务，同时充分发挥慈善组织的作用，为社区困境儿童提供帮扶服务	苏州市民政局
		为每个镇（街道）配备1名专职儿童督导员，每个社区配备1名专职儿童主任，负责儿童友好社区建设工作	苏州市民政局
		为儿童打造15分钟社区生活圈，开展儿童友好社区试点推广工作	苏州市民政局、苏州市政府妇女儿童工作委员会办公室
		因地制宜打造“家门口”的社区家庭教育特色项目	苏州市妇女联合会

具体到基层社区操作层面，《儿童友好社区建设规范》中明确了社区层面组织架构和工作内容（表3-2）。社区作为城市居民生活和城市治理的基本单元，是党和政府联系、服务人民群众的“最后1公里”。基层的落实要依托社区中的儿童、家长、社区能人、儿童主任、群团干部、党建以及妇儿工委等，共同作为参与的主体，提供精准化、精细化服务，建设安全健康、设施完善、管理有序的社区。其中，妇联作为群团组织，主要负责宣传协调工作保障，妇联需要整合社区内各类资源，发挥街镇主体责任，在充分调研结合妇儿需求的前提下，以社区的重点工作作为切入口，围绕政策落地目标开展各类儿童服务活动，不断增强儿童的获得感、幸福感、安全感，提升社区儿童服务活动质量，增强社会责任感。街道作为基层政府的牵头单位，起到承接上一级单位的建设和服务落实的责任，从制度建设上保证各项任务落地。

《儿童友好社区建设规范》相关内容 表 3-2

条目	牵头	协助	工作内容
4.1	街道（镇）政府书记（主任）、镇长	民政、卫健委、教育、公安等部门，以及妇联、残联等群团机构	建立儿童友好社区跨部门合作组织架构
4.2	街道（镇）财政部门	—	提供儿童友好社区建设财政支持
4.3	社区	儿童社会服务专业人员、家长志愿者、老师和社区工作者	社区成立由儿童自愿组成的委员会，建立儿童参与社区建设和治理的制度
4.4	政府领导小组	社区儿童委员会、家长委员会	建立针对儿童友好社区建设的评估和反馈机制

3.3.2 组织机制

组织机制指的是具体落实儿童友好社区建设及服务工作的组织架构和工作机制。管理和协调儿童友好建设，需要投入专门的人力资源，应尽可能充分利用现有的机构和协调机制；注意任命或招募的工作人员应具备扎实的协调和项目管理技能，强调具备监督儿童权利现状分析、基线设定、监测和评估的相关经验；在行动路径上调研每个社区的实际情况，设定基线，确定总体目标任务；明确年度推进方式和具体要求。总体来看，组织架构中的工作主体包含由各方参与形成的儿童友好领导小组与儿童友好工作小组，具体组织架构和工作机制建议如图 3-1 所示。

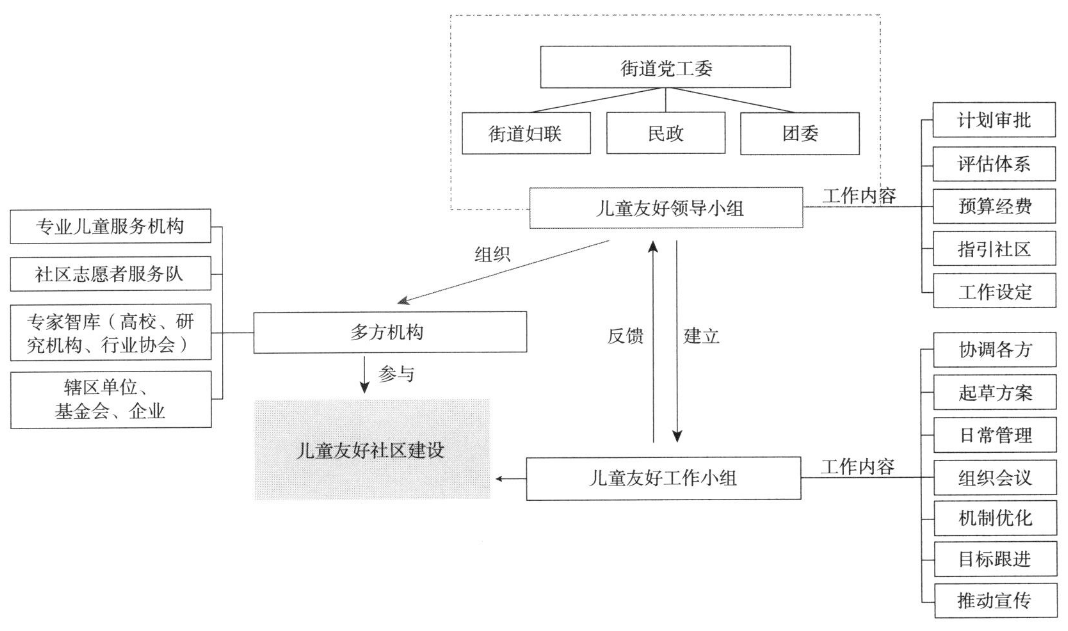

图 3-1 儿童友好社区组织架构

首先要成立儿童友好领导小组，通过街道党工委、街道妇联、民政以及团委的相互协调与密切配合，来进一步扩大上层驱动作用。儿童友好领导小组工作内容主要包含工作设定、计划审批、指引社区、评估体系以及预算经费五个方面，同时实现向下对接工作的目标。该小组的具体职责如下：

（1）协调相关部门进行儿童权利现状分析工作和基线设定工作；

（2）审批儿童友好社区行动计划；

（3）为社区提供整体指导和指引；

（4）确定参与儿童友好的相关部门、机构培训和能力建设体系；

（5）协调相关的经费预算，确定可持续的资金支持办法。

其次，在上级儿童友好领导小组与相应机关部门的指导下，设立儿童友好工作小组，完成组织会议、起草方案、日常管理与协调合作，确保各方对目标的跟进并进行宣传与机制的优化，主导、推进、协调行动计划的制定和实施工作。该小组的具体职责如下：

（1）为各相关部门提供指导和指引，组织协调会议，包括设定工作议程，向协调机构报告工作进展、机会和挑战；

（2）组织起草行动计划和预算方案；

（3）处理地方儿童友好的日常管理工作；

（4）协调实施儿童友好的合作伙伴；

（5）确保所有实施机构都能及时了解相关安排、达成共识、跟进相关活动；

（6）主导有关增强儿童友好意识和推动宣传的相关工作；

（7）对照行动计划中的目标和指标，监督进展、采集数据，用实际项目中遇到的问题和经验不断优化项目的执行机制。

再次，为了实现多方共建下的良好管理，除了成立相关的小组并进行工作的指导，还应针对多方参与背景下的儿童友好社区服务人员建立一套完整的社区工作人员组织制度。主要包括：

（1）引入专业儿童服务机构，在为社区儿童和家庭提供服务的同时，带动本社区儿童社会服务机构的服务升级；

（2）提升本社区儿童服务人员专业能力，孵化和培育本社区儿童社会服务机构的发展；

（3）鼓励成立社区志愿者服务队，特别是家长志愿服务队，通过家长之间的相互支持为儿童提供服务；

（4）与高校、研究机构或行业协会合作，建立专家智库，开展儿童友好社区主题的研究，吸纳社区儿童服务实践者加入；

（5）挖掘社区内辖区单位、基金会、企业资源，为儿童提供服务；

（6）充分利用社区宣传渠道，开展儿童权利、儿童发展、儿童友好的宣传和培训工作，营造儿童友好的社区文化环境；

（7）将儿童友好社区相关培训纳入到政府政策培训、规划培训、社区治理培训、社区营造培训中；

（8）建立社区儿童工作者的电子档案系统，统一管理和督导；

（9）建立评估体系，嘉奖优秀代表。

在这样的组织机制下，全民积极参与规划的组织实施，营造倾听儿童声音、优先尊重儿童意愿的良好社会氛围，各个社区需因地制宜、典型示范、以点带面、分类稳步推进儿童友好社区建设。

案例 3-1　南京市雨花台区雨花街道儿童友好社区的组织架构

2018 年起，雨花街道在儿童友好社区建设中，由街道党工委牵头，街道妇联主办，联动民政、团委等部门共同搭建儿童友好领导小组，建立工作推进过程中的考核、评估机制。街道、社区妇联单位负责完善与制定政策，提供建设资源，扩充资金支持，完善服务支持，拓展队伍人才多样化、参与多方化的工作机制，与此同时召开工作小组联席会议，参会人员包括街道分管书记、妇联主席、社区分管妇联工作的副书记或工作人员、社会组织工作人员等，会议议题包括项目推进情况、遇到的困难、相关部门的协调等。

其次，成立儿童友好工作小组，委托专业的儿童友好社会组织明志公益发展中心指导儿童服务工作，定期开展项目推进及督导工作，有效地保障项目进度管理，及时进行项目沟通与反馈工作；搭建妇联单位、社会组织、基层社区共同建设的沟通平台，与学术机构和社会组织合作，建立儿童服务专家智囊团，开展相关课题研究，吸纳更多人才加入；通过培育、激发与挖掘各类需求，整合社区资源，形成与儿童友好社区相关的自组织，更好地服务于儿童与家庭。目前雨花街道已形成无敌少儿团、明志童书屋、雨花社区慢养葫芦娃、翠岛花城少儿团、翠岛花城闲置交流群、大型活动志愿者筹备群、文明使者小分队等自组织，这些自组织以大型活动筹备、美好家庭生活为主题，组织开展了人才专题培训活动，激发、培育了家长志愿者、专业志愿者，为儿童友好社区建设与发展方面提供了相应的人才。

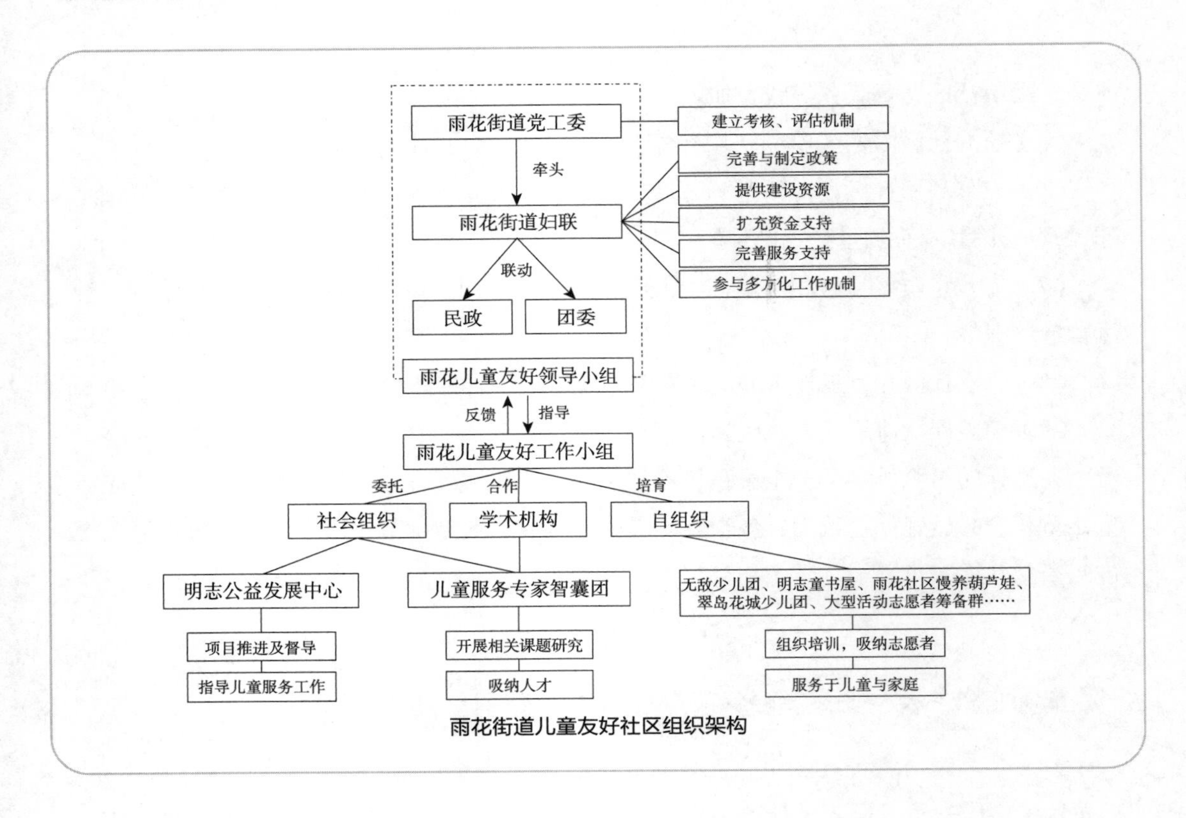

雨花街道儿童友好社区组织架构

案例 3-2　长沙市丰泉古井社区儿童友好社区的组织架构

2015 年底，丰泉古井社区基层党组织牵头，引入社会组织“共享家”，将社区废弃的后勤用房改造为“丰泉书房”。在多方合作之下，社会组织与社会力量一起为“丰泉书房”提供资金并进行高效协作。而书房的日常运营则因财力和人力的变化，由社会组织初期“带动式”运营，转变为商业与社区共同运营的模式。

其中值得关注的是，社区基层党组织在“儿童友好”理念上积极接受高校的意识输入，充当着儿童友好社区的核心角色，负责协调参与的各方，其中包括：

（1）为高校提供场地与资金支持，与此同时高校为其提供技术支持；

（2）积极发动社区居民参与并向上级市区街道进行反馈；

（3）为社会组织提供场地与资金支持，而社会组织为其承担意识培育的作用；

（4）落实丰泉书房的各项工作，并反馈诉求。

除此之外，高校承担着重要的任务。除了直接为丰泉书房提供咨询并促进共识的形成之外，还扮演着与社会组织交流经验、向小学引入理念以及向社区居民普及儿童友好并发起活动的重要角色，如 2016 年湖南大学儿童友好城市研究室开始与丰泉社区一起合作，积极利用书房的儿童之家功能开展儿童友好社区系列工作坊活动并延续至今。

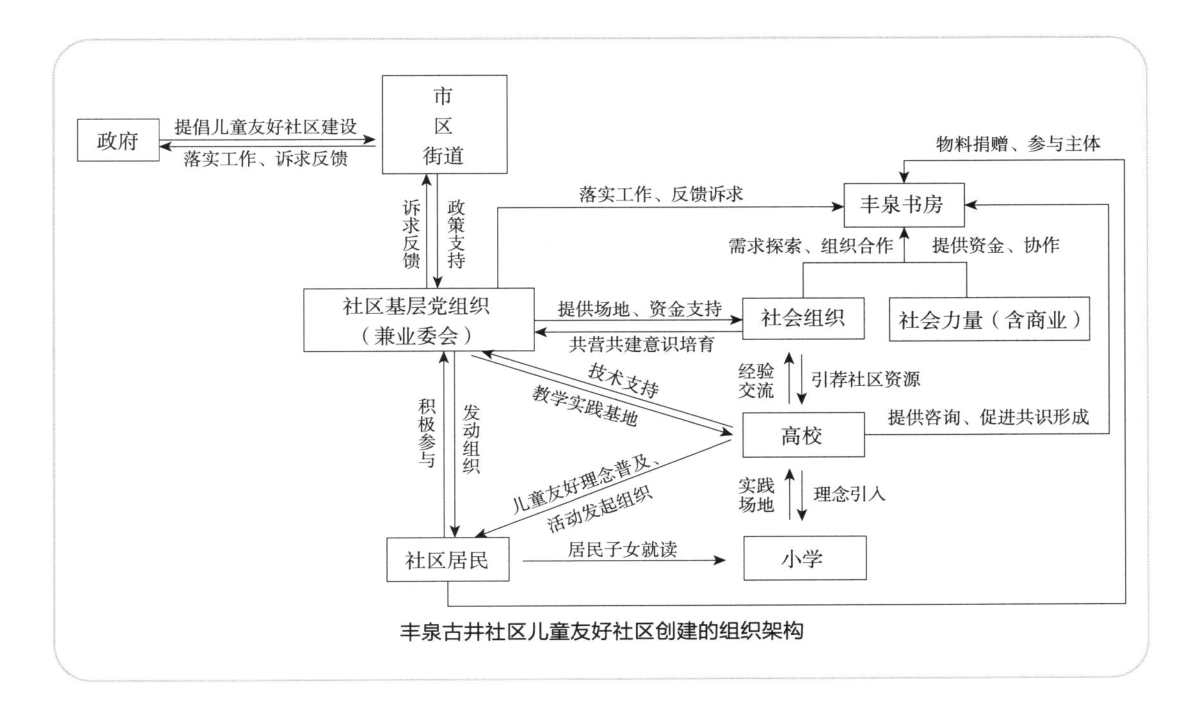

丰泉古井社区儿童友好社区创建的组织架构

案例 3-3　长沙市万科魅力之城·幸福里儿童友好社区创建的组织架构

早在 2012 年长沙万科的设计理念中就包含了儿童友好主题。而以企业与物业作为牵头人与主力，在整个社区机制的各个方面承担着重要的工作，充当了营造的核心角色，其中包括：

（1）为社区基层党组织提供帮助，并听取其诉求；

（2）企业与高校进行充分沟通后形成了营造理念上的共识，充分利用其在资金、开发和运营上的优势，为高校提供资金支持；

（3）创建科研基地，同时获取了高校的技术指导；

（4）向小学提供引荐资源；

（5）积极回应社区居民，听取居民诉求，如调动居民开展儿童友好步道、儿童友好公园等参与式设计。

除企业与各方的配合之外，各方之间的相互协作也是机制的重要一环。在幸福里儿童友好社区组织架构中，高校还担当着为社区引入更多社会资本支持的责任，组织社区居民参与活动以及向小学进行理念与技术的渗透；社会组织不仅要向社区居民提供服务，还需要与社区基层党组织建立良好的关系，协助和支持社区基层党组织的工作。

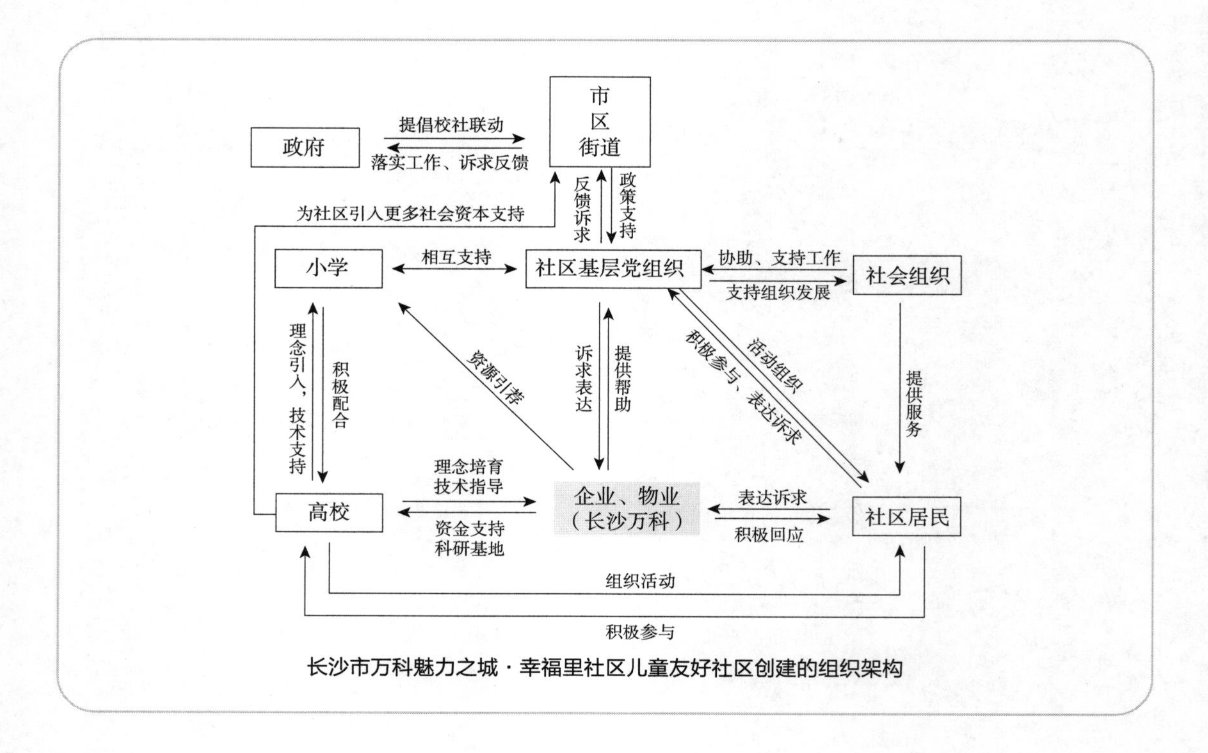

长沙市万科魅力之城·幸福里社区儿童友好社区创建的组织架构

综上所述，不同的社区由于自身条件不同，组织架构和工作机制也会有所差别。因此，本书列举了三个国内儿童友好社区组织机制构建的案例（案例 3–1~ 案例 3–3），它们充分利用自身的特色和优势，通过多方协作和组织，共同推进儿童友好社区的建设。

3.3.3 过程管理

3.3.3.1 基线调研

基线调研是儿童友好社区建设的基础，儿童友好的第一步工作就是调研工作。基线调研主要就儿童健康、安全、福利、空间环境、娱乐和休闲、教育和培训、就业和家庭等主题展开调研，了解儿童设施在该社区的分布情况及友好程度，了解相关儿童服务的内容、覆盖面、频次，了解儿童权利的落实情况。在调研的过程中要充分考虑儿童参与，通过各种方法倾听儿童的声音。调研后要对现状进行分析，着眼于该社区最重大的儿童问题领域，找出根本原因，明确儿童所希望看到的改变。通过与不同部门沟通和协商，在政府各部门、服务提供者、企业、社会组织之间建立起联系。

一般来说，儿童友好基线调研及现状分析包含以下几个阶段：

（1）梳理和分析相关方。邀请儿童友好相关方如儿童群体及其家长、政府相关部门、学术机构、社会组织、商业机构、媒体等参与，获得各方的支持，确保就现状分析发现的问题达成共识。

（2）分析现有儿童工作的实证资料。对现有的儿童工作资料进行梳理，如审阅与儿童保护和福利相关的法律法规和政策文件，研究由社会组织、监督机构、大学等机构制作的研究报告，与相关方磋商，通过开展访谈、问卷调查、专题组讨论，评估相关方的兴趣、期望、流程，以及可能面临的差距、风险和制约因素。

（3）对儿童友好现状分析报告进行宣传和传播，促进相关方就分析报告确定的儿童议题达成共识，进而帮助各方作出统一回复，并纳入儿童友好社区建设的行动计划。

案例 3-4　长沙儿童权利现状调研

2019 年 9 月 19 日至 10 月 7 日，长沙市教育局、妇联等部门已掌握一批有意愿发展儿童友好的学校，在湖南大学儿童友好城市研究室的技术支持下，由长沙市自然资源和规划局牵头，与长沙市妇联、长沙市教育局等部门合作统筹，协调学校、社区开展了调研工作，在长沙主城区（芙蓉区、天心区、岳麓区、开福区、雨花区、望城区）选择 12 所小学和其主要升学的 6 所中学进行示范性评估。评估对象包括六类人群：6 岁以下儿童及其父母、7~12 岁儿童、13~18 岁儿童、7~12 岁儿童的父母、13~18 岁儿童的父母、社区服务提供者和儿童友好倡导者。本次调研主要从儿童游戏或休闲、儿童参与、安全或保护、生活的社区、儿童的学校、儿童健康等板块展开。共收回调研结果 11748 份，其中纸质版发放 3600 份，回收 3537 份，回收率达 98.25%，回收网上填写问卷 8211 份，有效问卷共计 11718 份，且男女比例较为均衡（男：女：未填写性别 =51%：48%：1%）。长沙儿童权利现状调研为政府下一步在儿童友好社区层面的政策制定提供了重要依据，也是中国首个以联合国儿童基金会“儿童友好社区”评估工具为基础，结合城市实际情况进行在地化转译的应用实践。

案例资料来源：沈瑶，张馨丹，刘赛．国际“儿童友好社区”评估工具的转译与应用——以长沙市儿童权利现状调研为例 [J]. 城市规划，2022，46（12）：45-56

案例 3-5　武汉儿童友好城市现状分析报告

2019 年 5 月至 7 月，华中科技大学建筑与城市规划学院研究团队开展了关于武汉市建设儿童友好城市的相关规划研究工作，旨在充分了解武汉市的城市儿童友好现状，共调研了 14 个社区以及 16 个城市设施。并与妇幼中心等 6 家机构、15 家社会组织以及 20 名社群代表进行访谈。根据不同的调研内容和对象共设计了两类问卷，即线上网络问卷和线下调查问卷，根据现场情况随机分发。本次调研立足社会发展视角，关注文化、制度、服务、空间四个方面，突出日常生活视角，关注娱乐与休闲、权利与参与、安全与保护、健康与公共服务、教育与发展、家庭与社区环境六大维度，共回收656份问卷。基于儿童友好的武汉城市发展现状评估报告中的现状分析结果，为武汉儿童友好城市行动计划和行动框架的制定提供了参考依据。

案例资料来源：基于儿童友好的武汉城市发展现状评估 https://mp.weixin.qq.com/s/Xc5e3kTCwqrSUHyCHeghPQ

案例 3–6　北京儿童友好城市建设调研

北京市为了促进北京儿童事业与经济社会发展协调一致，“十四五”期间北京市将把建设儿童友好城市提上日程。为了发现城市在儿童友好方面的优势与不足，更好地了解北京儿童出行现状，倾听家长与孩子们的心声，北京市妇联、北京市规划和自然资源委员会委托北京市城市规划设计研究院（简称北规院）开展建设儿童友好城市市民问卷调查。北规院儿童友好课题组在线上开展了“北京儿童无障碍出行”主题问卷调研。本次调研涉及意识与文化、服务与保障、设施与空间、政策与制度等板块，分家长版和儿童版展开，将儿童年龄段分为0~3岁、4~6岁、7~12岁和13~18岁，共收到有效问卷348份（家长309份，儿童39份），描绘出了东城、西城等11个城区4个年龄段（0~3岁低龄、4~6岁学龄前、7~12岁学龄、13~18岁少年）儿童的出行画像。从中可以看到人们对儿童无障碍出行的无奈和期许。这项事业对于推动北京“四个中心”功能建设、促进京津冀协同发展、增强国际竞争力具有重要意义，将为北京建设和谐宜居之都提供强有力的智力支持和人才保障，也将为每一个北京育儿家庭带来温暖有力的获得感。

案例资料来源：北京建设儿童友好城市，请您来建言！ https://m.sohu.com/a/462308267_120209831

3.3.3.2　落地实施

儿童友好社区建设实施与服务开展应该遵循以下原则：

（1）一致性：行动计划各项任务要求与相关部门已有规划和建设项目要求保持一致。

（2）可操作性：行动计划明确各项工作内容和实施主体，具有可操作性。

（3）分步实施：根据总体目标任务，明确年度推进方式和具体要求。

（4）示范性：因地制宜、典型示范、以点带面、分类稳步推进不同领域儿童友好建设。

（5）多元参与：采取跨部门、多领域、全社会共同参与推动儿童友好的联动机制。

案例 3-7　深圳市福田区园岭街道百花儿童友好街区

深圳自 2016 年起提出建设中国儿童友好型城市目标，2018 年在国内率先发布《深圳市建设儿童友好型城市战略规划（2018—2035 年）》和《深圳市建设儿童友好型城市行动计划（2018—2020 年）》，2019 年发布《深圳市儿童友好出行系统建设指引（试行）》等七大领域建设指引。园岭街道自 2019 年以来积极主动作为，勇于担当示范，以儿童现实需求为导向，以"幸福童享·美好园岭"为牵引，以儿童友好为中心，建成全市首个"儿童友好街区"，从友好交通、友好公园、友好社区、友好学校等几个方面入手，努力打造"五分钟健康成长圈"，为孩子营造安全、有趣、益智的，全方位、全过程的运动、游戏和社交空间，探索儿童友好城市建设的新路径。街道出台《全面建设儿童友好型街道实施方案》，围绕社区、学校、公园、交通出行四个试点进行推进，开展了儿童安全教育、阅读教育等八项教育项目，真正让"儿童优先、儿童友好"的理念在辖区落地生根，初步形成了全社会共同尊重儿童、保护儿童的良好氛围。

在建设过程中，园岭街道进行了系列的宣传、培训和动员工作，从"单打独斗"到共建、共治、共享社区家园，高效协调 17 家产权单位，走访 42 家沿街业主；走进校园，邀请"小小设计师"共同参与设计，倾听儿童声音，共创新的场所记忆；独创百花印与儿童友好标识，以细节致匠心，增强儿童友好街区可读性。

百花儿童友好街区街景

图片来源：深圳市城市交通规划设计研究中心

案例资料来源：案例 | 百花街区——深圳首个儿童友好型示范街区 https://mp.weixin.qq.com/s/TLv_5misFpycU89cDE_6sQ

案例 3-8　长沙万科魅力之城·幸福里社区儿童友好社区建设

万科魅力之城是 2016 年后长沙市万科房地产开发有限公司（简称长沙万科）首个以儿童友好社区创建为目标的社区（所在行政社区名称为幸福里社区）。长沙万科牵头展开儿童友好社区建设，规划社区内共配套三所幼儿园、两所小学、一所中学、一座万科里（儿童成长中心）、一处室内恒温游泳场、一座专业攀岩馆、一个中央公园、一座儿童图书馆，满足儿童教育、游戏、社交等多种需求。为了更好地建设儿童友好社区、开发魅力之城项目，长沙万科研发了可实施的儿童友好社区评估模型，通过六大维度和 33 项核心体验指标，全方位评估社区的儿童友好性。同时，根据社区内儿童户外活动轨迹研发了可复制的景观模块，并落实建设了多处儿童喜爱的公共空间。除了配套设施及空间建设，“儿童参与”也是长沙万科持续性建设魅力之城·幸福里社区的重要社区营造策略。长沙万科联合高校、社区等多方持续性开展以儿童参与为主的社区营造活动，包括儿童友好主题沙龙、儿童体质关怀计划、社区规划师活动等社区营造实践，全面保障儿童权利的实现。长期的儿童友好社区建设投入也让魅力之城·幸福里社区成为长沙儿童友好社区早期的重要样本之一。

长沙万科魅力之城儿童活动空间
图片来源：长沙万科

3.3.3.3 监测评估

在儿童友好建设的过程中，制定一定的指标体系，设定基线和目标值，对整个流程进行监测和督导，作好工作总结和问题分析，也是十分必要的（详见附录 1）。整个过程必须尽可能透明化，并与各相关方和儿童群体一起分享项目成果。将不同儿童友好社区的各项评估成果汇总起来就能清楚地看到，儿童友好工作的开展给儿童的生活带来了怎样的影响和转变。运用这些实证资料，可以向政府及其他相关方反馈其政策和优先事项带来了哪些影响，并为这份报告制作一系列方便儿童阅读的儿童友好版本报告，在儿童群体中广泛分发；同时还可以在城市和社区中举行一些公共会议和儿童友好工作推进的意见征集活动，通过分享争取居民的支持，并尽可能将其转化为愿意和自己一同推进儿童友好城市及社区建设的有效力量，通过总结以上经验教训进行新一期行动计划。在制定评估方法时，还需要注意考虑下列问题：

（1）务必确保儿童友好社区建设团队有能力开展相关监测和评估，能够为此设定基线和指标。当他们不具备相关能力时，应对相关人员进行培训或招募具备相关能力的外部力量开展监测和评估工作。

（2）倡导儿童群体在其中的参与。儿童应该在监测和评估儿童友好社区的影响方面发挥重要作用。归根结底，儿童在社区中的体验与感受是衡量社区儿童友好性的决定性因素。同时，儿童能带来与成年人截然不同的洞见，也有助于进一步体现对儿童权利的尊重。

案例 3–9　南京市江宁区儿童友好社区建设指标

南京市江宁区在儿童友好社区建设过程中建立儿童友好社区评估体系，根据国家发改委相关文件及中国儿童友好社区建设规范，编制了相应的建设指标，该评估体系把界定“儿童友好性”的指标分为社会政策、儿童参与、公共服务、权利保障、成长空间、发展环境六个方面，指标性质中基础性必须满足，引导性建议尽量达到，特色指标作为每个社区的加分项，允许评估方输入参与评估过程的每个分组（儿童、青少年、父母和社区服务提供者）的回答，并将结果汇编到数据库中，按指标和维度进行分析（详见附录 2）。

3.4　成长空间友好

在社区儿童成长空间友好的营造中，需要从儿童的保护与发展、居住、健康、社会参与等特殊需求的角度出发，为儿童及育儿家庭创造具有日常生活支持和游戏可供度的、安全的公共空间环境，提供医疗、教育、体育、社会参与等支持性设施与服务。营造的重点空间（图 3–2）主要为社区中的医疗服务空间、公共卫生服务空间、学校教育空间、自然空间、街道空间、文化空间和游戏空间。《关于推进儿童友好城市建设的指导意见》（发改社会〔2021〕1380 号）明确营造的主要内容包括推进社区公共空间适儿化改造，建设社区儿童之家等公共空间，打造社区儿童“游戏角落”，建设全龄包容的儿童活动场地；改善儿童安全出行体验，增强儿童安全出行能力，营造安全顺畅的儿童出行环境；建设健康自然的生态环境，推动社区公园的建设和适儿化改造，为儿童提供安全而有包容性的绿色公共空间。最终以点带面推动儿童友好城市空间规划和项目建设，提升城市整体空间品质和服务效能。

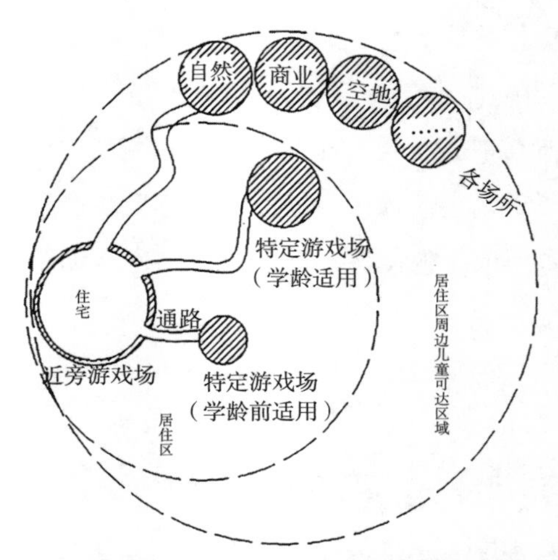

图 3-2　社区中重要的儿童友好空间系统示意图

3.4.1　公共空间改造

推进社区公共空间适儿化改造，应当结合儿童特征和成长需求，加强社区（街道）的医疗服务空间、公共卫生服务空间、托育服务空间、学校教育空间、文化空间、体育空间等各类公共服务设施和场地的适儿化改造。

医疗服务空间的主要场所是社区医院和社区健康服务中心。营造重点为：①为所有儿童提供高质量的医疗救治服务；②环境设计、色彩设计、室内照明等宜有利于儿童身心健康；③医疗设施中儿童主要活动区域的标识系统宜符合儿童认知。

公共卫生服务空间的主要场所是各级医疗机构和各级学校。营造重点为：①提供妇幼保健、疾病预防、健康教育、健康咨询与指导等服务；②学校配备心理咨询室，社区宜完善心理服务功能配置；③面向婴幼儿的营养支持，强化母婴室建设。

托育服务空间的主要场所是托育机构、托育综合服务中心等。营造重点为：①因地制宜加强婴幼儿托育服务设施供给；②利用既有公共设施开展家庭养育指导；③符合婴幼儿生理、心理特点，做到功能完善、舒适温馨、绿色环保、智慧互联，营造适合婴幼儿身心健康发展的照护环境。

学校教育空间的主要场所是学前教育机构和中小学。营造重点为：①鼓励社区公园与学前教育设施共享活动场地和设施；②充分利用学校屋顶空间、绿地广场、架空层、校门口等，为儿童构建舒适、多样、趣味的儿童活动空间；③提供寓教于乐、适合不同年龄段儿童的校内外自然化游戏场地。

文化空间的主要场所是博物馆、图书馆、青少年活动中心等。营造重点为：①建设儿童专属的文化设施；②设置独立的儿童馆或儿童服务区；③结合儿童身心特点提供兼具互动性、舒适性、趣味性的空间和设施。

体育空间的主要场所包括对儿童开放的体育场馆、训练基地、群众性体育运动场所等。营造重点为：①围绕增强健康体魄、促进茁壮成长、开展体育运动和竞技、传授体育运动知识和技能等目标，推进体育设施的适儿化改造；②充分考虑儿童的生理和运动需求，针对不同年龄段儿童的身体特征设计、布置体育运动场地和设施，并设置看护人陪护和休憩场地，宜增设公共卫生间、饮水机等。

此外，应统筹社区各级各类公共服务设施资源，协同行政机关、企事业单位和科研机构等多元力量，建立多层级覆盖、功能完善、便捷可达的社区儿童公共服务设施体系，为儿童友好空间建设提供设施保障。

3.4.2 儿童安全出行

结合儿童身心发展特征和活动需求，对社区道路和儿童主要活动场所周边及候车空间等进行适儿化改造，划定安全、连续的儿童步行和骑行空间，形成学径空间，保障儿童能够安全便利地到达各类公共服务设施和儿童活动场地。

营造重点包括：①完善社区慢行交通体系，加强人行道、自行车道规划建设，优化校园周边步行线路规划和人行设施，保障儿童日常出行安全；②围绕儿童出行安全防护和趣味探索，推进既有幼儿园、中小学校、医院、图书馆、公园、托育服务设施等儿童活动场所周边道路空间的适儿化改造，为儿童创造安全畅行的出行环境；③公交换乘路径及指示标识应统筹考虑儿童出行和识别需要，轨道交通车站应配置无障碍直梯，以及方便儿童推车、轮椅推行的无障碍坡道，引导儿童有序使用公共交通；④统筹完善与道路相邻的公共空间和建筑退线空间的设计，配合安全教育、步行巴士等多项措施保障儿童出行安全；⑤提供儿童独立、安全玩耍的街道活动空间和儿童友好的道路交通设施；⑥此外，也需要加强儿童交通安全教育，增强儿童安全出行能力。

3.4.3 自然生态建设

公园绿地是儿童户外休闲游乐活动的重要场所，应根据儿童身心特点，围绕提高儿童身体素质和社交能力、丰富课余生活等目标，推进社区公园、游园、口袋公园、社区花园、社区农场的适儿化改造，为儿童提供亲切便捷的游戏、交流、探索自然的空间及场所，方便儿童就近进行户外活动，保障儿童游戏权利，为儿童提供安全而有包容性的绿色公共空间。

营造重点包括：①宜采用自然化设计，在社区公园、游园、口袋公园中增设游乐、运动、休憩等多类儿童活动场地，可考虑与自然、文化科普内容相结合；②在公园及社区中设置独立的儿童游戏场地，在保障安全的前提下，提供趣味性、互动性的游戏装置和设施；③利用社区闲置空间和既有绿地，建设“社区农场”“社区花园”，为儿童提供亲近自然和植物认知的体验场地，建设“花卉步道”等亲子空间，设置儿童友好的游憩设施，打造儿童游戏场所；④在保障规范与安全的前提下，可利用街区墙面、闲置空间等，开展涂鸦美化等活动，建设童趣涂鸦墙、朗读亭、艺术小舞台等儿童美育“微空间”，激发儿童的想象力、创造力。

案例 3-10　长沙市马栏山视频文创产业园的适儿化改造

（1）案例背景

马栏山视频文创产业园于 2017 年 12 月成立，面积 15.75km^2。园区以广电、出版为代表的文化产业为基础，大力推动文化产业数字化，全力打造“具有全球影响力的数字视频产业链基地和媒体融合新地标”。由于片区儿童友好空间和设施较为落后，公共空间的儿童友好性较差，难以保障大批先进人才的育儿问题。为提升片区公共空间和公共设施质量，解决片区青年需求，马栏山视频文创产业园在国家发改委《关于推进儿童友好城市建设的指导意见》及长沙市发改委创建儿童友好城市的政策指导下，联合湖南大学建筑与规划学院儿童友好城市研究室、湖南大学设计研究院等开展马栏山片区公共空间适儿化改造项目，是湖南省首个儿童友好城市建设中央预算内投资计划项目。

（2）适儿化改造目的和意义

城市公共空间和公共设施的适儿化改造。可推进马栏山片区整体公共服务设施、空间的品质提升，为马栏山片区高端人才的引进和发展提供支撑和保障，为年轻人提供育儿上的保障，促进片区的持续健康发展，打造长沙市首个成规模、片区型的适儿化改造样本。同时可利用马栏山的传媒影响力，将马栏山儿童友好样板在全国、全世界范围推广。2021 年 11 月，长沙市首个“儿童友好工作站”在马栏山成立，儿童友好公园、气象站、水位雨量观测站等一系列适儿设施也同步开放。

（3）适儿化改造主要内容

针对儿童的身心发展特点和需求，对园区内道路、公园、游戏空间等公共空间和设施进行适儿化改造设计，打造“点、线、面”多位一体的适儿化空间网络，尝试构建理想、现实、虚拟虚实融合的“萌想城”。

在片区虚拟 IP 打造方面，提取糅合了马栏山已有的代表性的动漫 IP 和标识，发动儿童参与设计，打造马栏山片区的 IP 形象，整体把控空间主题，并对内容和故事线进行专项设计。

马栏山“萌想城”片区 IP 打造
图片来源：湖南大学建筑与规划学院儿童友好城市研究室

在户外活动场地与教育场景设计方面，以片区鸭嘴公园和马栏山公园为核心，增加或改造适合儿童的科普、教育、休憩、活动等设施，拉近儿童与自然的距离，拓展儿童游戏活动空间。同时因地制宜地增加科普馆与气象观察装置、水文科普装置，以校社合作、多元参与的方式，采用“活动设计 + 动手体验”的形式，对儿童进行相关知识的科普，促进儿童身心全面发展。此外，考虑到儿童安全防护，在公园沿岸设计安全标识系统。

在出行路径方面，在学校周边道路增设护学通道，完善出行指示牌、铺设儿童友好彩色斑马线等，在鸭子铺路等城市主要道路两侧增设儿童友好的主题 IP 雕塑。在公共服务设施方面，在片区内增设企业儿童之家、母婴室等空间。

3.5 公共服务友好

儿童友好的公共服务体系强调对儿童权益的关注和保障，以保障儿童安全、满足儿童基本需求为底线，引导儿童进行有益身心健康的成长活动。主要从儿童福利类、家庭支援类、公共健康类、儿童发展类服务等方面着手，促进儿童发展，为儿童谋福利。由街道统筹，通过社区（街道）组织儿童工作者、教育工作者、社会工作者、志愿者及热心儿童事业的爱心人士积极参与儿童友好服务。利用社区现有的党群服务中心、各类机构、幼儿园、中小学、儿童校外活动机构的设施设备，为社区儿童全面发展提供专业化、高质量的综合性服务，满足儿童需求，促进儿童身心健康和谐发展，实现共健、共建、共生、生存、发展。

3.5.1 儿童福利

儿童福利包含构建普惠型儿童福利制度体系、面向儿童的基本公共服务体系、完善的医疗保障水平等。在儿童友好社区建设之中，可加强提高面向儿童的公共服务供给水平，提高基本公共服务均等化和可及性水平，将儿童教育、医疗卫生、福利保障事项优先纳入基本公共服务清单，提高服务智慧化水平。完善面向儿童的基本公共服务标准体系，推动基本公共服务向欠发达地区、薄弱环节、特殊儿童群体倾斜。加强对流浪儿童、留守儿童、流动儿童的关爱与保护，落实对流浪儿童的救助，加强对留守儿童的家庭关怀，保障流动儿童的社区融入。建设儿童之家，构建适合全龄儿童的管理服务制度，提倡多方参与、社区共建儿童之家。福利类服务向特殊儿童群体提供特定的服务，服务对象主要包括困境儿童，服务功能相应地倾向于救助、矫治、扶助等恢复性功能。

3.5.1.1 困境儿童的特殊服务

开展关于困境儿童的救助服务、残障儿童的康复服务、行为偏差儿童的矫治服务、辍学儿童的就学援助服务、留守儿童的关爱帮扶服务等；针对风险较低的困境儿童及家庭，使其融入社区活动，加强朋辈之间的交流，促进形成互助关爱的社区氛围；针对风险较高的困境儿童及家庭，进行个案辅导、心理干预、家庭治疗等服务；补充和改善经济状况，链接现有政策资源，包括孤儿生活保障政策、国家最低生活保障政策、残障人士补助、大病医疗救助、特殊困难补助、教育救助津贴等，困境儿童父母就业援助，至少保证父母有一个人工作。

3.5.1.2 提供个案、家庭治疗等服务

针对家庭教育普惠服务中遇到问题的家庭提供个案、家庭治疗等服务，以集体服务和个别服务为主要服务方式，满足家庭对个性化指导的需求。坚持家庭教育普惠服务，为个性化指导服务提供依据。根据儿童发展情况，通过一线社工的观察、引导和咨询，为家庭提供教育指导服务，并为有特殊需求的家庭提供个案转介等服务。

案例 3-11　浦东新区“爱伴童行”困境儿童安全保护案例

浦东新区“爱伴童行”项目的服务对象为辖区范围内的 26 名因监护缺失或监护不当而陷入困境的义务教育阶段儿童。针对困境儿童在行为、生活、心理、教育、社会融入等方面的监护缺失问题，从具体服务对象的需求出发，以社会工作专业方法为困境儿童提供一人一方案的个性化关爱陪伴服务，从而实现对困境儿童的精准关爱和长效陪伴。

基本案情：案主是一对 12 岁的双胞胎，父亲失联，母亲因病去世，现与外祖父母一同居住在一处老房子内，是典型的因监护缺失导致陷入困境的儿童。2020 年，这对双胞胎被纳入“爱伴童行”项目服务对象，由专业儿童福利社工定期上门进行综合关爱服务。

儿童福利社工为儿童制定了周密的干预方案，并向浦东新区民政局及时上报寻求服务协同。民政局得到社工的专业反馈后高度重视，以儿童利益最大化原则，立即启动困境儿童安全保护机制，厘清事件原委，积极协调各方资源落实干预方案。首先，区民政局协调公安、妇联等部门积极配合儿童相关证明材料出具和资料审核；儿童居住地所在街道主动联系新区法律援助中心；居委儿童主任主动增加上门探访频次，关心儿童的心理状况及生活状态，协助家庭办理监护证明、房产资料等案件所需材料；同时联动辖区内其他社会资源为这一对双胞胎儿童提供可能的救助和帮助。

案例资料来源：专业护航 携伴成长——浦东新区“爱伴童行”困境儿童安全保护案例分享 https://mp.weixin.qq.com/s/XCWZqIgoSl_zFkp9ZEBPVQ

3.5.2　家庭教育

家庭教育是学校教育的基础，也是学校教育的补充和延伸，旨在儿童进入社会接受集体教育前，保障儿童的身心健康发展，为儿童接受幼儿园、学校的教育打好基础。家庭教育主要有科学育儿、婚姻辅导、家庭辅导、亲子关系辅导四种类型。

第一类为科学育儿。一般可采用个别辅导、家长自助小组和亲子互动团体等方式，根据家长的需要进行指导和教育工作，旨在帮助家长提高科学育儿的能力。其展开形式包括开展“高效能父母”“亲子关系提升”“正面管教”“儿童美育”“儿童健康”等相关家长课堂；或以女性家长为服务对象，以“女性内在力量成长营”为载体，开展以“女性健康”“如何做一名合格的家长”等为主题的交流课堂等。

第二类为婚姻辅导。其旨在以夫妻为主要服务对象，以夫妻双方个人身心素养的成长为基础，提升夫妻对两性关系和家庭关系的经营能力，最终实现个人身心健康成长、两性关系改善和家庭关系改善。其展开形式包括开展“非暴力沟通”“告别婚姻中的累”等改善两性关系的主题课堂，让幸福的婚姻成就幸福的家庭。

第三类为家庭辅导。主要指以家庭为单位，以全体家庭成员为对象，以改善家庭成员关系为重点，以恢复能够执行健康的家庭功能为目标的专业指导或治疗活动，如紧扣“二孩”问题，开展以“二孩家庭面面观”为主题的交流会，为家庭迎接新生命的到来做好准备，促进家庭关系良性发展。

第四类为亲子关系辅导。指以家长和子女为对象，通过专业指导或治疗活动，消除两者之间的矛盾和隔阂，增进彼此之间的理解和支持，最后实现两者的良性互动，如开设“青春期亲子关系”课堂，为处于青春期的孩子及其家长提供正确的教育方法、沟通方法的指导。

案例 3-12　上海市杨浦区开展社区公益性早教亲子活动

上海市杨浦区 52 个早教指导站为了更好地发挥幼儿园在社区早期教育中的辐射作用，进一步扩大“育儿周周看”家庭受益面，共同开展了以“大手牵小手，快乐游乐园”为主题的公益性早教亲子活动。早教指导站的老师们向家长进行了“育儿周周看”的推广工作，并根据儿童的月龄特点，为家长们介绍科学育儿经验，设计了形式多样的区域游戏活动以及精彩的亲子早教课程，如为增进情感交流、引导宝宝体验初步社会交往的“抱一抱”活动，发展儿童手部小肌肉的“小刺猬”活动，尝试操作动物玩具排列的“好朋友”活动，及引导宝宝练习扣、拉等动作的合作“找尾巴”游戏。这些活动吸引了百户家庭的参与，儿童在活动中充分体验快乐的同时，他们的动作技能、语言、感官、行为习惯、情绪和社交等方面也得到了促进发展。“活动游戏”与“科学育儿”有机融合，高质量地开展了 0~3 岁婴幼儿社区早教活动。

案例资料来源：大手牵小手 快乐游乐园——杨浦区开展社区公益性早教亲子活动 https://mp.weixin.qq.com/s/We5WV10nd2Nq_6vdFwbWkw

3.5.3　公共健康

儿童公共健康的领域十分广泛，包括儿童的出生、成长、发育、疾病预防、疾病治疗和儿童健康条件改善等各个成长阶段相关的内容。儿童友好公共健康服务体系要求各地在提供基础的儿童公共健康服务以外，从儿童心理角度提出了更高的要求。

3.5.3.1　儿童保健健康管理

在儿童保健健康管理方面，县级以上的妇幼保健院和医院等机构，通过为孕妇提供婚前检查，为孕妇提供保健，保障优生优育，为儿童提供计划免疫等方面的政策措施，力图实现从出生前到出生后儿童健康水平的全方面提高，包括新生儿家庭访视、新生儿满月健康管理、婴幼儿健康管理、学龄前儿童健康管理、扩大儿童基本医疗保障覆盖范围等。

案例 3-13　南京市互联网 + 护理服务，助力母婴护理服务到家

南京市妇幼保健院产科探索居家护理新模式，运用“互联网 + 护理服务”平台线上预约，将专业的护理从院内延伸到居家，做到互联网与居家护理的深度融合，搭起母婴健康护理的新桥梁。家长可通过手机 App 预约护士上门提供服务，随行护士进行常规检查评估并给予详细的日常护理指导。

3.5.3.2　儿童心理健康管理

建立政府负责、多部门分工合作和全社会参与的工作体制，加强对儿童青少年精神疾病和心理行为问题防治工作的组织领导。卫生和教育部门之间、精神卫生专业机构和学校之间加强沟通和协作。医疗卫生系统提供技术支持，通过培训提高教师、家长等心理健康知识的知晓率。教育系统及时发现学生存在的精神心理问题，做好转诊工作，使有精神障碍和心理行为问题的儿童青少年得到及时、正确的诊断和治疗。

3.5.4　发展服务

儿童发展类服务针对全体儿童及其家庭，为不同年龄段的儿童提供支持服务，使各年龄段的儿童得到全方面发展。

（1）提供专业的社工或社会组织的支持服务项目。通过专业的社工或社会组织开展普惠性、常态化社区儿童养育及家庭课堂支持服务项目，目的是支持父母履行教养职责，以满足儿童成长发展的需要。针对家长的支持性服务有科学养育、婚姻辅导、家庭辅导、亲子关系辅导等；针对儿童的支持性服务有儿童身心健康问题辅导、儿童益智性辅导、儿童社会化引导（提升自我认同感、培养学习习惯、建立团队精神等）等。

（2）家庭科学养育及婴幼儿服务。基于促进 0~3 岁儿童早期综合发展的科学依据，提供家长教育和家庭科学养育指导服务，依托社会的公共空间，建立儿童早期综合教育活动平台，积极开展适宜儿童早期发展的教育活动。

（3）和谐亲子关系及认知发展服务。针对 4~6 岁儿童的体格发育、生活态度、行为习惯、语言发展、认知与学习、社会心理及情感发展等方面的综合培育支持，向家长提供和谐亲子关系及亲子教育的服务。

（4）综合培育支持及素养提升服务。针对 7~14 岁及青春期少儿的安全教育、生命教育、生活技能、运动健康、道德素养、社会实践、艺术素养等综合素养的提升，提供专业的行之有效的服务。

案例 3-14 成都锦城社区

簇桥街道锦城社区作为一个拥有较多青少年和儿童的社区，成立于2014年7月，现有中海锦城、玲珑郡等8个小区院落，总户数8747户，约2.5万余人，其中，18岁以下人口5800余人，人口年龄结构低龄化特征较为明显，是一个全新的年轻社区。随着低龄人口群体的不断壮大，现有的公共空间、传统的公共服务、社区的文化建设已不能满足青少年儿童全面发展的需要。社区的居民群众，特别是双职工家庭提出了解决0~3岁婴幼儿托管、优化儿童公共空间、丰富校外社会实践和素质教育、保障儿童人身和交通安全等方面的需求。

针对这些诉求，根据“儿童带动家庭，家庭影响社区”的工作思路，簇桥街道指导锦城社区开展儿童友好社区建设试点，秉承儿童最大利益、普惠公平、儿童参与、共建共享原则，在公共服务友好方面主要采取了以下措施：

（1）提供支持性服务。在社区内开展常态化儿童养育及家庭支持服务项目，组建亲子教育小组，通过“家长课堂”等项目宣传教育理念并提供家庭支持服务。建好叠溪书院，建立社区教育联盟和“锦城学堂”，促进青少年、儿童带动家庭成员全员参与学习，开展儿童托管、科普教育和暑期青教“三大主题”活动，打造“叠溪书院”品牌。依托锦瑟年华、锦香书阁，常态化开展“读书分享会”“阅读马拉松”“四点半课堂”“绘本阅读”等活动。依托商业联盟建立儿童防走失干预机制，对单独1人在户外的儿童进行干预性询问和保护。建立动态化管理的社区儿童档案，安排网格员、物业公司收集儿童信息，及时发现和监测困境儿童现状。

（2）提供补充性服务。建立3岁以下婴幼儿公共托育服务中心，按照主体多元、监管完备、运营规范、规模适宜的社区公共托育服务模式，面向3岁以下婴幼儿提供全日制、半日制、计时制菜单式照护服务，切实减轻幼儿家庭托育负担，提升家庭科学育儿水平。依托簇桥社区卫生服务中心，聘请专业社会工作者和医务工作者，对残障儿童、行为偏差儿童和困境家庭儿童提供家庭教育普惠、家庭个案、家庭治疗等服务，为受伤害的儿童提供庇护、心理干预、咨询疏导服务，保障儿童身心健康。

（3）提供发展性服务。针对各个阶段儿童特点，设置针对性服务项目。针对0~3岁儿童，设置“锦城亲子园”，引入第三方在园内提供早教、托育、科学养育指导和家庭照护等服务；针对3~6岁儿童，开设“二十四节气歌”“儿童坝坝舞”等活动，从语言发展、体格发展等方面对孩子进行培育；针对6~12岁儿童，开设“防性侵”“防走失”教育，定期开展“儿童趣味运动会”，与武侯区少年宫合作建立少年宫分馆，利用专业师资力量常态化开设“中国舞”“围棋”“小主持”等课程；针对12~18岁儿童，通过“锦聚光影”项目，放映帮助青少年树立正确人生观、价值观题材的影片。

3.6 权利保障友好

权利保障友好要求政府及其部门、社会（社区）、家庭、学校、网络为儿童和家庭提供关爱、救助、保护等服务，避免儿童受到暴力、忽视、遗弃、虐待和其他形式的伤害，零距离、全天候守护儿童健康成长。健全以政府保护、司法保护、社会保护、家庭保护、学校保护、网络保护为一体的服务体系，提高全社会特别是专业人士（如医生、教师、警察、儿童工作者、律师等）的儿童保护意识，提高儿童的自护能力，建立完善伤害监测预防、发现报告、应急处置、干预救助一体化的儿童保护运行模式，最大限度地保障儿童的安全及合法权益。

3.6.1 加强困境儿童保障

困境儿童是指由于儿童自身、家庭和外界等原因陷入困境，需要予以帮助或保障的儿童，包括因家庭贫困导致生活、就医、就学等困难的儿童，因自身残障导致康复、照料、护理和社会融入等困难的儿童，以及因家庭监护缺失或监护不当遭受虐待、遗弃、意外伤害、不法侵害等导致人身安全受到威胁或侵害的儿童。为困境儿童提供社会救助和社会保障服务，保障其合法权利，是权利保障友好的重要内容。

3.6.1.1 关注孤儿和事实无人抚养儿童

深化孤儿助医助学项目，探索推进事实无人抚养儿童助医助学，优化完善社会散居孤儿、事实无人抚养儿童家庭走访、监护评估、家庭培训和监护保护制度。

案例 3-15 成美慈善基金会爱助事实孤儿项目

该项目为事实无人抚养儿童提供助学激励基金，通过持续性陪伴给予事实无人抚养儿童成长关怀。由宁夏启辰社工承接的项目自确立和启动以来，陪伴志愿者利用节假日和放学时间完成了对 20 名服务对象共计 70 余次的线上和线下陪伴活动，同时在疫情期间，切实做好事实无人抚养儿童疫情防控工作和陪伴守护，并且在孩子们最需要的时候，收到了“爱助成长”助学激励基金，共计 19000 元。

充分发挥陪伴志愿者的作用。在疫情发生后第一时间通过电话、微信、入户等形式对事实无人抚养儿童进行摸排寻访工作，协助儿童进行核酸检测，全面掌握事实无人抚养儿童核酸检测、养育监护、生活学习、身心健康和防护物资情况。社工及时摸排事实无人抚养儿童的网课学习情况，帮助注册“钉钉”，提供了“空中课堂”的学习保障。同时，为防止孩子沉迷于网络，要求孩子签订手机使用承诺书，确保手机仅用于疫情期间网课学习，不作其他用途，社工也会及时跟进。针对其他陪伴儿童线上学习所需，积极链接志愿者提供全方位的线上作业辅导。

为了使陪伴服务顺利有效开展，陪伴人员根据不同年龄层的儿童设计不同的陪伴内容。在疫情期间，精心准备了陪伴礼物并为他们送去防护用品、生活用品和学习用品，帮助解决生活中遇到的实际困难。在陪伴过程中，给孩子们提供学习指导、人际交往、心理疏导，以及丰富有趣的创意美术、手工、小游戏等服务，疏解孩子们居家时的烦躁情绪。

案例资料来源：【爱助事实孤儿项目】陪伴服务持续进行 助学激励基金发放 https://mp.weixin.qq.com/s/-ZxCfxOHMAEyaBqMI5nI7A

3.6.1.2 推进残障儿童康复服务

残障儿童康复服务包括儿童残障预防、早期筛查、诊疗康复等。儿童友好社区应结合自身资源条件适当扩大残障儿童康复救助项目及年龄范围，提高救助标准。

案例 3-16 南京“为 14 岁以下残障儿童免费提供基本康复服务”民生实事项目

南京市出台了残障儿童康复救助提标扩面政策，率先实现 0~14 岁各类别残障儿童基本康复救助全覆盖，申请智力障碍地方标准的立项，推动残障儿童康复服务规范体系逐步健全。

浦口区残障人康复中心在中国残联项目的指导下，积极推进全人发展观的理念，引进了包含医疗、康复、特殊教育、学前教育、辅具工程、社工、心理、听力语言、眼视光等多学科、多专业康复服务团队，可以为全类别特殊儿童提供“康复—教育—社会生涯”全人康复服务，成为首个集肢体、智力、精神、言语、视力五大类残障儿童康复服务的区级康复中心。中心扩展了残障儿童康复服务的范围，通过制定“个性化康复训练方案”，让每一个有康复需求的残障儿童获得及时、有效、针对的康复训练和服务，同时收获知识和技能，以更好地融入社会生活，实现“医教结合，康复教育”双向同步发展的效果。

案例资料来源：专业护航 携伴成长——浦东新区“爱伴童行”困境儿童安全保护案例分享。https://mp.weixin.qq.com/s/Y1_oBSC04 jBSEBJJ-7X0fw

3.6.1.3 加强困境儿童分类保障

建立健全困境儿童基础数据库并动态更新，落实定期上门查访，加大对困难家庭的重病、残障儿童基本生活保障和专项救助力度。根据儿童自身状况和家庭情况，了解特殊需求，区分不同情形，分类提供帮扶服务，加强对流浪未成年人救助保护。

案例 3–17　困境儿童“四色保护法”

江苏省泰州市动员当地 98 名乡镇儿童督导员、1819 名村（镇）儿童主任、22933 名网格长和网格信息员，对 6 类困境儿童情况进行精准摸底排查，运用“大数据 + 网格化 + 铁脚板”的综合方法，历时一年，准确掌握了困境儿童总数为 10367 人，并梳理出新增困境儿童 4319 名。

泰州市发现困境儿童存在父母失联、弃养、吸毒、遭受家暴、辍学流浪、发生意外事故、行为和精神异常等情况，而且困境儿童的生存状况一直处于变化之中，需要不断动态更新，并做到摸排出的每一名困境儿童都有一个专用文件夹，并贴上“红、黄、蓝、绿”不同颜色，给予“四色风险防控体系”管理。红色表示需要紧急干预，黄色表示需要兜底，蓝色表示需要关爱，绿色表示普通儿童。在建立儿童档案的基础上，还为每个困境儿童配置了一个关爱二维码，一旦情况有变，工作人员可实时扫码更新。

为了更好地进行风险评估和管理，还精心制作工作手册与风险评估表，设置儿童的身体状况、精神状态、学习情况，监护人的各项信息，每次信息采集的变化等信息栏，做到每一个风险评估项的政策口径、注意事项、分析要素、匹配情形等都可追溯。

案例资料来源：江苏率先创建困境儿童“主动发现”机制，获民政部推广 https://mp.weixin.qq.com/s/-GxWSU1V7gyWgxHJgpoL0w

3.6.1.4　为困境儿童提供社会救助和社会保障服务

为孤儿、流浪儿童、违法犯罪儿童及服刑人员的未成年子女等困境儿童提供替代性家庭照顾，开展以贫困、残障、大病等困境儿童的家庭（家长）为对象的家庭经济救助服务和社会保障服务。建立临时救助制度，对因患病、升学等其他原因导致家庭临时困难的未成年人给予临时物质帮助。

案例 3–18　“梦想改造 +”困境儿童关爱计划

共青团江苏省委针对 6~16 岁的事实无人抚养儿童推出了“梦想改造 +”关爱计划，构建了“1+3+6”项目支持体系：建设 1 间“梦想小屋”，用“基础改造 + 个性选择”的形式，满足孩子的个性需求；建立 3 项结对帮扶机制；开展“春、夏、秋、冬、知、行”等 6 个关爱项目。用物质帮助和精神关爱相结合的方式，为儿童提供精准持续服务。项目明确了服务对象以全省 6~16 周岁“事实孤儿”为主体，同时将本地实际未得到父母有效监护照料的困境青少年纳入帮扶范围的服务目标。

“梦想小屋”充分发挥了阵地和枢纽作用，把服务关口前移，把心理咨询、课业辅导、亲情陪伴、兴趣培养等综合服务融入“梦想小屋”，在服务中锻造能力、提升水平，打通关爱“事实孤儿”群体的“最先 1 公里”和“最后 1 公里”。

案例资料来源：江苏：“梦想改造 +”计划关爱困境青少年 https://mp.weixin.qq.com/s/nLZYV96UcBkoS7u-kouAqg

3.6.2 完善儿童保护体系

每一位儿童都享有在安全和包容的环境下成长的权利，都有权在没有暴力、剥削和虐待的环境下生活。社区作为儿童生活的“最后1公里”，应该撑起强大的儿童保护伞，建设友好的生活家园。

（1）为儿童提供公共服务，以此预防和针对儿童的暴力行为，让儿童免受来自家庭、学校和网络的暴力。在社区内为儿童家庭提供支持，解决有害行为，明确社会规范，倡导促进安全的环境。展开多种形式的预防家庭暴力、学校暴力、网络暴力的宣讲，促进社区、学校及家庭对暴力行为的认识和防范，关注受暴力伤害的儿童的心理健康，为有需要的儿童及时提供心理疏导。

（2）当发生武装冲突、自然灾害和其他紧急情况时，优先为儿童提供紧急援助。加强儿童保护制度，防止和应对人道主义局势中的虐待和剥削，加强社会服务人员队伍，支持家庭，为社区团体提供装备，帮助保护儿童。帮助儿童重新融入社会，确保儿童与家庭安全团聚。

（3）确保所有幸存者都能获得高质量、全面的服务，通过提供社区主导的、适合当地情况的服务，并在受影响儿童、其照顾者和家庭的积极参与下实施，促进心理健康和心理社会支持。

（4）构建社区层面的儿童保护制度，保障儿童获得各种社会服务的机会。发展社会服务工作队伍，通过政策、立法、监管框架和人力资源帮助政府加强劳动力队伍建设，同时整合不同部门，利用当地知识，帮助培训社会服务工作者。

（5）设立未成年人保护中心，开展儿童暴力伤害的监测统计、宣传预防、避难救助、治疗辅导等工作，有效防范性侵、家暴事件，严格落实侵害未成年人案件强制报告制度，对可能和已经受到伤害的儿童提供及时的帮助。完善儿童交通、溺水、跌落、烧烫伤、中毒等重点易发意外事故预防和处置机制，预防和减少各类事故的发生。

案例 3-19 美国红十字会的儿童友好支持行动

美国红十字会研发了一些不需要专业培训就能让儿童迅速掌握的应对各类突发（危机）事件的知识和技能。

（1）枕套项目（8~12岁）。枕套项目是为三至五年级的学生开发的，旨在增加儿童对自然灾害的了解，并使他们能够为紧急情况作好准备。鼓励儿童们发挥创造力，布置一个备用枕套来装他们自己的应急用品。

（2）与佩德罗一起准备（4~8 岁）。佩德罗是一个绘本中的企鹅卡通形象。作为枕套项目的补充，儿童们可以跟随企鹅佩德罗学习如何为家庭火灾或其他紧急情况作好准备，并通过一个有趣而有教育意义的故事采取行动。

（3）怪物守卫：为紧急情况作好准备的 App（7~11 岁）。怪物守卫是红十字会创建的第一款手机 App，专门为儿童设计，让他们学习如何准备应对紧急情况。跟随玛雅、查德、奥利维亚和所有的怪物，孩子们学会如何在一个有趣而引人入胜的游戏中为紧急情况作好准备。

3.6.3 重视社会宣传教育

加大社会对儿童保护的宣传教育，进一步加强儿童保护与关爱工作。儿童权利保障的宣传教育主要是为了提高全社会的儿童权益保护意识，增强公众对儿童暴力的认识和发现、报告、处理能力，对家长、教师、社区工作者、儿童工作机构人员及儿童进行儿童保护知识和技能培训，增强成人的儿童保护技能和儿童的自我保护意识与能力。

案例 3-20 美国学校儿童保护宣传教育案例

由“How To Tell Your Child”组织制作的儿童防性侵动画视频教会儿童“防性侵”的安全知识。

（1）教儿童识别坏人。儿童的认知中，坏人有大大的牙齿、血红的眼睛、巨大的手和邪恶的笑容。老师把儿童关于坏人的天真想法戳破，并告诉他们坏人并不等于“长得坏”，有的人长得很好看，看上去和蔼可亲、很酷，有时候还带着各种美味的糖果和礼物，但是不要被外表所迷惑，也不要接受陌生人的礼物。

（2）教孩子认识隐私部位。家长需要先教孩子认识身体，并知道自己的隐私部位。男孩的生殖器官和屁股是隐私部位，女孩还要增加乳房。这些位置都不可以给其他人触碰、观看。教导孩童要谨记五个警报：

有人要看你的隐私部位，或者让你看他（她）的隐私部位叫“视觉警报”；

有人谈论你的隐私部位叫“言语警报”；

有人触碰你的隐私部位或者叫你触碰他的隐私部位叫“触碰警报”；

单独与陌生人在一起叫“独处警报”；

有人拥抱、背、亲吻你叫“拥抱警报”。

当有人对儿童做出这五种行为的任意之一时，儿童就要判定“那个人”是个坏人，要勇敢地对他（她）的行为说“不”！

（3）以上情况也有例外，譬如爸爸、妈妈等儿童喜爱并信任的人在特殊的情况下（比如帮自己洗澡）才能触碰自己的隐私部位，可以和儿童一起建立这些“照顾者”“爱心圈”的名单。

还有告诉儿童无论发生什么事爸爸、妈妈都一定会站在你的一边，保护你、陪伴你，遇见什么事情都要及时和父母沟通、交流。

3.7 发展环境友好

儿童友好社区中发展环境友好旨在向所有的成人、儿童宣传倡导儿童友好的相关理念，在挖掘本地文化特色、传承中华传统与当代文化的基础上，形成良好的社区儿童友好的氛围。在整体推进的过程中，要坚持儿童为本，将尊重儿童权利优先作为社区发展理念和价值观。让儿童通过了解社区、参与社区生活，提高他们的参与感和价值感。通过普及友好理念、树立文化品牌、扩大文化宣传等基本内容，持续净化网络环境，营建儿童友好社区，不断提升社区品质。

3.7.1 推广儿童友好理念

在整个社区内加强宣传推广，普及“儿童优先、倾听儿童的声音”等儿童友好的核心理念，充分利用信息化技术、社交媒体等多元化的社区宣传渠道，举办儿童友好论坛及研讨会等交流活动，开展儿童权利、儿童发展、儿童友好的宣传和培训工作，营造儿童友好的社区文化环境。制作儿童友好社区宣传手册和儿童友好社区地图，向社区居民、社区内的学校、儿童服务组织等发放。儿童友好社区应从视线高度、图案设计、内容设计等方面出发，提升标识标牌系统的儿童友好性。

案例 3-21 成都市玉林东路社区儿童友好论坛

为推动武侯区社区发展治理，融合群团和社会力量，倡导和建立最有活力的、更适宜居住的、有利于儿童健康成长的、更有幸福感的社区，让每一个社区都成为儿童友好社区。2018 年 11 月 19 日，在中国儿童友好社区促进办公室的指导下，由成都市武侯区妇联、武侯区玉林街道办事处主办，武侯区社治委、武侯区民政局、武侯区团委协办，玉林东路社区、武侯区美好明天青少年发展促进会承办的“武侯区儿童友好社区建设主题论坛暨全域儿童友好社区建设启动仪式”在玉林街道玉林东路社区召开。

论坛中专家们分别从儿童友好社区建设的友好空间打造、友好服务拓展、友好福利政策等多方面为武侯区支招，同时玉林东路社区和美好明天青少年发展促进会也对儿童友好服务作了汇报。2006 年，玉林东路社区成为“联合国儿童基金会社区儿童保护项目”示范点社区以来，一直坚持儿童友好的理念，建立了社区儿童信息调查资料系统，开展了“快乐成长”社区儿童生命教育服务，支持儿童申报社区公益微创投项目，让儿童“小小社区规划师”参与社区空间改造的设计，成立了“玉东少年派”社区儿童自组织，关注、营造、维护社区的公共空间，带动社区家庭和社会广大民众，倡导儿童友好社区环境的共建共治共享。特别值得一提的是玉林东路社区“少年派”儿童理事长佘思霖小朋友还作了发言，把“玉东少年派”参与家园建设的事例进行了生动呈现，少年们的参与性给大人们留下了深刻印象。

玉林东路社区儿童友好论坛

案例 3-22　南京市建邺区儿童友好导视系统

建邺区力图打造南京的“城市客厅”，积极响应儿童友好的先进理念。导视系统的灵感来自于儿童常见的“指套玩具”形象与“积木”形式，表现手法上采用圆润的外观处理和柔和的色彩，更符合儿童的安全需要和视觉接受能力。在元素中将孩子们喜闻乐见的小动物作为搭配，同时通过两个戴着水果帽子的男孩和女孩，让孩子们更有代入感和参与感。

南京市建邺区儿童友好标识

3.7.2 推进家教家风建设

深入实施家家幸福安康工程，建设文明家庭、实施科学家教、传承优良家风，促进家校社协同。构建学校家庭社会协同育人体系，加强家庭教育指导，增强家庭监护责任意识和能力，建立良好亲子关系，培养儿童良好思想品行和生活习惯。

案例 3-23　南京板桥新城古雄社区家风家训教育馆

2016 年，雨花台区板桥新城将古雄社区医院大楼改造成全省首个家风家训教育馆。二期新馆包括主馆家风家训教育馆及副馆华兴侨史馆。场馆分为明贤庭、家风微展厅、家风美术长廊、清官长廊、家风讲坛等区域，从古至今展示了古代明贤、老一辈革命家、雨花英烈、板桥乡贤及干部群众治家教子与修身正己的生动故事，诠释了传统家风的内涵与当代价值。除了有形的展馆和展品，家风家训教育馆还定期举办家风分享会“讲出古雄最美故事”，通过身边的优秀家庭、居民代表“现身说法”，不断丰富馆内内容。

古雄社区家风家训教育馆

图片来源：马伦郁

案例 3-24　成都麓湖国际公园家校社协同

2021 年麓湖社区发展基金会正式提出并推动构建儿童友好社区的项目计划。通过与学校、社区组织、商户等的广泛连接，致力于让儿童的声音被社区听见，让孩子们真正参与到社区公共生活，成为社区共建的一分子。四川天府新区麓湖小学校长作为儿童友好社区的推动者之一，她希望儿童在社区能获得平等的权利，能享受高质量的服务，也能在安全、友好、积极的环境中生活，广泛参与到社区活动中发挥自己的能力。在麓湖社区基金会支持下，家、校、社联动成立麓湖儿童议事会，开展堆肥等自然教育活动，参与式设计儿童游戏场景，让儿童深入参与麓湖渔获节、端午龙舟节、儿童水域安全卫生营地、麓湖春晚、儿童友好运动会，累计参与儿童近 200 名。此外，在地机构麓湖 · A4 美术馆、麓湖小学等也相继举办了 iSTART 儿童艺术节、“小学不小”展览、儿童友好社区嘉年华等活动，为孩子们全面、有个性的发展奠定基础。

麓湖社区儿童活动

3.7.3 倡导儿童友好关系

社区定期开展培育儿童与同伴友好关系建立的活动。鼓励社区居民参与社区儿童事务，促进儿童与社区其他居民之间友好关系的形成，增进社区儿童与辖区内其他单位成员的友好关系。

案例 3-25 南京市江心洲儿童友好社区参与式规划

为了提升社区的儿童友好氛围，江心洲街道洲岛和园社区党总支、居委会及妇联在上级相关部门的指导和各方的支持下，整体规划建设儿童友好社区。

在社区规划师的带领下，社区儿童在社区儿童议事会活动中走访社区，发现社区的闪光点和问题点，设计了儿童友好地图、斑马线和标识标牌。在和苗议事会的开会讨论中，有儿童议事员提出江心园儿童活动广场的景墙太过于单调，希望能在景墙上进行墙绘。社区特此开展了一场墙绘设计的活动，通过儿童参与的方式，收集儿童的创意，践行儿童友好理念。设计墙绘画面时，设计师做到了最大程度上还原儿童心中的画面。在绘制墙绘过程中，也邀请了儿童议事员一同来到现场绘制。

墙绘的主题为“童心协力 守护长江”，儿童的初心是想呼吁大家从小事做起，一起保护长江、爱护江豚、守护母亲河。画面主角是儿童和江小莆、江小洲。江小莆、江小洲是洲岛和园社区儿童议事员的化身，也是由儿童自己设计出来的。画面上可以看见他们一起坐着小船在长江上打捞垃圾，保护长江环境，让江豚生活的环境越来越好，使得人与自然和谐相处，共建一个绿色美丽的地球。墙绘完工后，不断有儿童前来合照。居民表示，原本只是一处景墙，现在加上了墙绘内容，和周围景色融为一体。不仅孩子们喜欢，大人也感觉广场更温馨了，还可以起到寓教于乐的效果，教育孩子从小爱护环境、保护地球。

社区儿童友好议事与墙绘活动

3.7.4 培养健康精神文化

加强社会主义核心价值观教育，倡导性别平等、儿童优先，鼓励开展符合儿童身心特点的优秀文化宣传活动，如儿童友好节庆活动等。组织开展优秀传统文化进校园、进课堂活动，深入开展共青团、少先队实践活动。

案例 3-26 南京翠竹园社区——“志愿青春，最美少年”

社区结合“不忘初心”实践活动，积极弘扬社会主义核心价值观，培育新时代接班人。邀请社区中的儿童志愿者成立儿童委员会，对他们普及儿童志愿者、儿童友好社区的相关理念。同时做好线上孵化、线下培训的工作，做好儿童志愿者的登记工作，实行志愿者的积分兑换体系，并及时做好线上的志愿者积分更新。在儿童志愿者队伍成立之后，社区链接高校大学生志愿者资源，带领社区儿童志愿者一同采写社区老党员的初心故事。故事采写完毕之后，在社区的剧场或大型活动中进行故事的编排和演出。通过老党员与小志愿者“大手牵小手”、收集初心故事的方式，增强社区儿童对社会主义核心价值观的认同，不断深化儿童对社会主义核心价值观的学习，并实现对社会主义核心价值观的弘扬。

翠竹园社区儿童志愿者采写社区老党员的初心故事现场
图片来源：马伦郁

案例 3–27　南京市雨花台区雨花社区儿童友好游走南京活动

为了让社区少儿在实践中了解自己所居住的城市——南京的传统建筑和历史文化，南京市雨花台区雨花街道雨花社区招募社区少儿参与“赏传统建筑，品历史文韵”游走南京系列活动。

以小组共创式制定规则、课堂渐近式启蒙科普、沉浸体验式游走景点、互助共学式产出成果的形式，由专业志愿者带领少儿对南京标志性历史景点的建筑、设计、历史与诗歌等方面进行深入了解，不仅丰富了他们在建筑、文化方面的知识，还培养了优秀品质。从诗词和文化竞赛等文化活动中，孩子们感受传统文化的熏陶，并从各类故事中感受古人优秀道德品格和英烈伟大奉献和爱国主义精神。其中，建造微缩景观模型和制作原创绘本的活动，让孩子们互相合作、共同努力，培养了团队合作和实践精神，提高了动手能力。

3.7.5　净化不良网络环境

加强辖区网吧管理，禁止 18 岁以下的未成年人入内，及时发现处置危害儿童身心健康的不良信息，严厉查处违法违规行为。加强网络文明建设，宣传推广网络文明规范，强化对儿童的行为引导，优化网络舆论生态，为儿童提供良好的网络环境。

案例 3–28　深圳市龙岗区布吉街道智慧家庭教育系列活动

深圳市龙岗区布吉街道妇联组织 25 位小议事会员，耗时三个月，以文献阅读、走访调研、头脑风暴、多元议事等形式学习、讨论当下数字时代的家庭教育议题，以家庭故事与科技网络发展为主线，筛选出了以下四个议题。

一是合格父母的虚拟课堂，演绎了一场父母与孩子的“对话”，从儿童的视角制定了孩子心目中合格家长的评分标准，从而体现孩子与家长互动机制中的“平等”；二是防网络沉迷的 App 创想，借助 5G 技术，优化电子产品设置，让电子产品更好地成为儿童成长的“助推器”；三是家庭规则的虚拟实景，通过模拟家庭“矛盾”引发的危机，结合剧中的“虚拟空间开关”来化解家庭中的信任危机；四是网络教育的虚拟科幻，通过幻想未来家庭拥有一台“智慧家教 VR 眼镜”实现时空的穿越，学会如何避开一些所谓专家口中的“变形记”。

以上活动激发儿童参与网络环境营造的热情，搭建儿童议事平台，倾听儿童声音，发挥儿童智慧，共议“5G+ 儿童友好智慧家庭教育”新蓝图。

本章参考文献

[1] BANERJEE T，LYNCH K. Growing up in cities：studies of the spatial environment of adolescence in Cracow，Melbourne，Mexico City，Salta，Toluca，and Warszawa[M]. Cambridge：MIT Press，UNESCO，1977.

[2] MAINE H S. Villge communities in the east and west：six lectures delivered at Oxford[M]. London：John Murray，1871.

[3] Seebohm F. The English village community[M]. CUP Archive，1905.

[4] 费迪南德·滕尼斯 . 共同体与社会 [M]. 林荣远，译 . 北京：商务印书馆，1999.

[5] 吴文藻 . 人类学社会学研究文集 [M]. 北京：民族出版社，1990：114–115.

[6] 赵蔚，赵民 . 从居住区规划到社区规划 [J]. 城市规划汇刊，2002（6）：68–71，80.

[7] 黄怡 . 社区规划 [M]. 北京：中国建筑工业出版社，2021.

第 4 章　设计：如何设计儿童友好社区空间?

社区中的公共活动空间是儿童在社区中自由玩耍、互动交往，以及进行正式或非正式学习活动最重要的空间载体。通过精细化设计，营造安全、有吸引力、能灵活承载多种活动的儿童友好社区空间至关重要。

儿童友好社区公共活动空间不仅需要设置对儿童有吸引力的活动内容，更需要充分考虑儿童特定的生理和心理特征，适应甚至激发儿童需求与潜能的活动空间才是最富有生命力的。

总体而言，儿童友好活动空间设计中需要遵循以下六项主要原则：安全性、趣味性、自然性、多功能性、社会互动性和激发自主性。

4.1　安全性

4.1.1　从安全保障到支持独立活动

安全性是儿童友好社区空间设计的首要原则。根据马斯洛需求层次理论，安全是人类生活的最基础需求，特别由于儿童有着活泼好动的天性，以及缺乏自我防范意识和保护能力等特点，安全的空间环境对于他们健康成长和发展起到关键作用。我们需要给儿童营造一个客观安全的社区环境，它应是稳定的，可以依赖的，有秩序和规则的，能为儿童提供全方位保护的[1]；进一步而言，从环境心理学的角度，它还应是安全积极的，给儿童正面向上的心理影响。因此，在社区空间设计中，安全原则体现为营造整体安全的环境氛围，避免各类可能威胁到儿童生命和心理健康的不利因素，从而保障儿童的身心安全。

关于儿童活动安全性的考虑，必须首要关注到儿童行为的独特特征。他们在游戏或日常活动中，经常会用成人无法想象的方法使用场所[2]，因此不能简单照搬或只是强化成人活动场所设计中的常用原则。

游戏是儿童的本能，儿童游戏活动具有明显的本体性和自发性，儿童对于未知事物天生具有探索和冒险的精神，对环境充满好奇并善于模仿，在空间中经常被新奇的事物所吸引，突然地进行奔跑、攀爬等一些可能引发危险的行为活动。行为的突发性与随意性又往往让儿童更容易受到空间环境的影响。因此，在空间设计中应注意杜绝有潜在危险的情况，加强设施放置的稳定性，合理设置交通设施等，避免儿童受到意外伤害。

另外，儿童行为活动又具有很强的自发性和主动性。他们往往不会完全遵从活动空间的设置与规则，而是按照自己的天性与活动兴趣，自发性地进行各种活动，例如有高差的地方可能被儿童用来进行攀爬游戏。在活动空间中，儿童一旦进入游戏场景，容易脱离监护人的束缚，自发地探索游戏的活动形式，完成从游戏开始到结束的过程。因此，空间设计中需要提供监护配套设施、安全缓冲区等，易于让成年人及时察觉儿童的安全与否，营造支持儿童安全地开展各类活动的环境。

特别值得指出的是，对于儿童的安全保障应以实现儿童能独立、安全地进行活动为最高目标。对儿童而言，基础的安全来自于父母或其他成年人的陪伴式保护和空间的绝对隔离，让孩子可以在专属的封闭或半封闭空间里、在成年人的近距离保护中活动；而更高级别的安全指的是儿童可以在开放空间里、没有成年人的陪护下自由活动，即实现高度的独立活动性。因此，可运用环境行为学、环境设计预防[3]等相关理论和方法，在空间设计中充分考虑活动场地选址和布局、游戏设施设置和设计等与儿童活动安全性的紧密关系，为儿童提供从基本安全保障到促进其独立、安全活动的全面支持。

4.1.2 策略一：确保户外活动场地布局安全

儿童主要户外活动场地的选址，应与大量机动车交通、污染物、潜在犯罪空间等可能带来噪声、有害气体甚至人身伤害的危险性要素之间保持一定的安全距离，通过对场地进行合理布局，保障儿童在一个周边环境安全的场地中进行各项活动（图 4–1）。

（1）户外活动场地应避免紧邻机动车流量较大的城市主干道、次干道、公交首末站、出租车停靠点等区域。若毗邻机动车道，应设置隔离带防止儿童穿越，其中隔离带宜采用围栏、树篱等不遮挡视线的形式。

（2）户外活动场地应布局在阳光充足、通风良好、卫生条件良好和安全的地段，不应紧邻垃圾中转站、变电站等对儿童活动有潜在卫生、安全等隐患的设施，并与之保持一定的安全距离。

（3）户外活动场地宜布局在社区内儿童主要出行线路和重要活动节点附近，鼓励设计专门步行路径串联各个儿童室内外活动场地。

（4）户外活动场地避免设置在人流稀少、存在治安隐患的地区，宜设置在社区中心区域或住宅视线区域内，围合的空间可以提供非正式监督的“街道眼”以确保儿童活动安全。

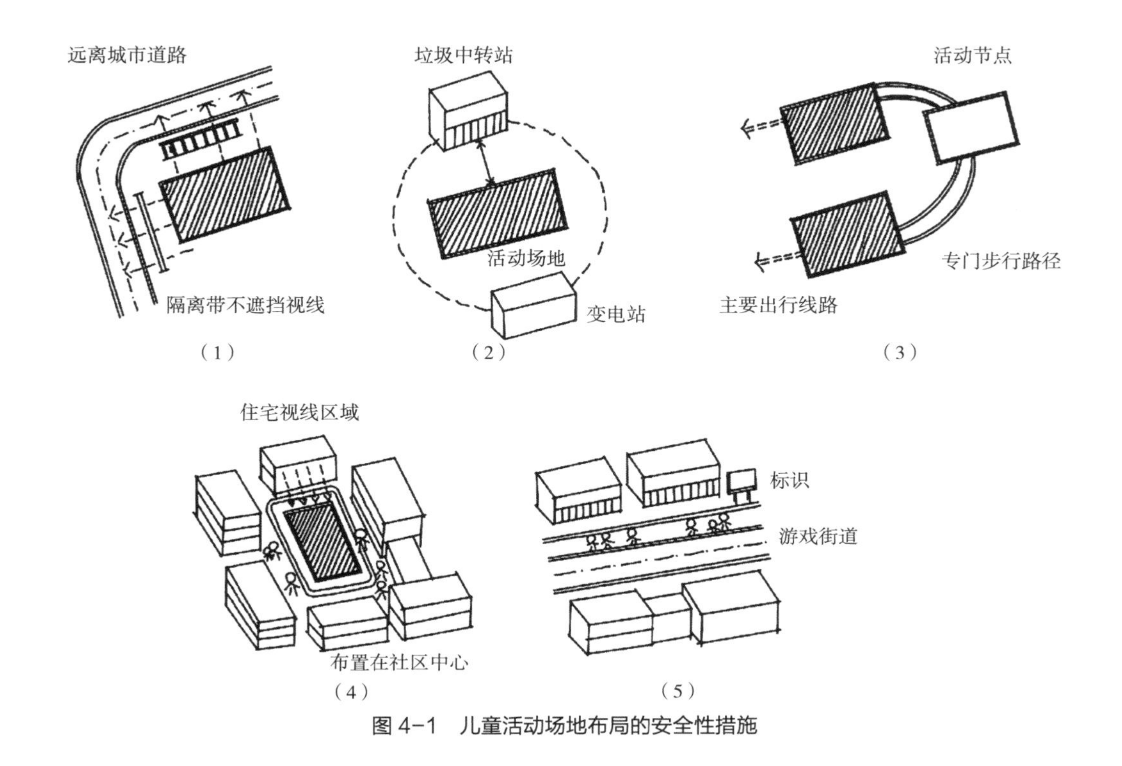

图 4-1　儿童活动场地布局的安全性措施

（5）可以选择将一些社区内部、人流和车流量较小的生活性街道，在特殊情况下（如社区节日等）转换为儿童进行游戏活动的空间。这类街道空间功能的转换（不论是全天候还是在某些特殊时间段），应通过公众参与的形式获得社区及周边地区相关居住、活动和管理等各方主体的支持，明确并公布可允许活动的形式和内容、限制机动车穿行的时间段等信息，并在显著位置设置机动车和非机动车减速、禁行等提醒标识。

案例 4-1　日本千叶县海滨幕张“生活性街道”

千叶县海滨幕张是日本规模最大、具备多种功能的新京城中心，其住宅区以水和绿地环绕其中，营造了舒适的居住环境。建成环境设计中充分考虑了儿童友好的需求，在公园区域建成城市型娱乐基地，配备大面积的草坪广场、喷水池；在住区附近的地铁站和商场公共雕塑也兼顾到儿童游戏的功能，儿童可以在广场滑梯进行玩耍，色彩丰富、材质安全的“花丛”景观小品还兼具儿童攀爬、捉迷藏的功能，使空间具有了“第三游戏空间”[①]的性质。

日本千叶县海滨幕张居住区附近的“第三游戏空间”

① “第三游戏空间”概念定义见图 2-2。

4.1.3 策略二：设计安全无隐患的活动场地

社区需要为儿童提供可以安全进行独立玩耍、自然游乐和体育锻炼等的活动场地。场地设计中，应重点考虑边界的安全围合、地形的无障碍处理、设施的使用安全等方面的内容（图 4–2）。

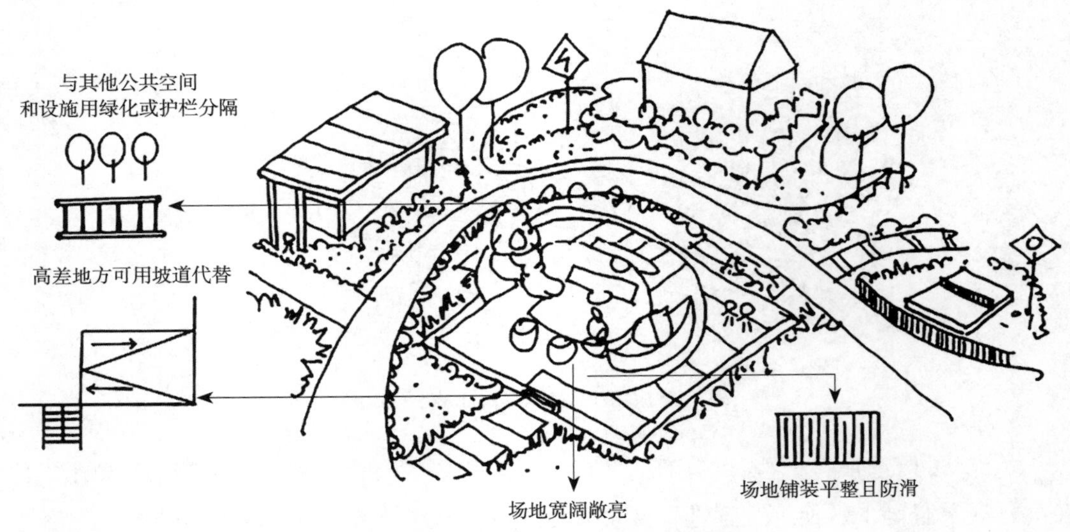

图 4–2 儿童活动场地设计的安全性措施

（1）儿童主要活动场地与其他有较大人流量的公共空间（如城市街道、运动球场等）之间应有明显的边界分隔，可以用软边界（如绿化带等）或硬边界（如护栏等）进行分隔，以保障儿童活动时不会被其他负面因素干扰或受到威胁。

案例 4–2 美国西雅图“游戏街道”

2014 年，西雅图交通部（SDOT）推出了一个试点街道项目，并发布“游戏街道”项目手册来指导试点社区开展“游戏街道”活动，此后迅速推广到整个城市。

“游戏街道”使用期间，通过适当地设置路障，确保游戏者和邻居在活动场地中的安全性。设置的路障可以租用当地供应商的专业路障，或简易利用社区内垃圾桶、家具等可移动设施。路障设置要求：每个路障物至少 3ft（1ft=0.3048m）；之间的间隔不超过 5ft；用横幅、绳子等将路障物连接在一起；在街区的两端都应设置；在活动中，每处路障附近至少配备一个成年人值守。

（2）活动场地应该是宽阔、敞亮的，避免空间太过幽深狭隘。过于紧凑拥挤的空间不仅会给儿童活动造成安全隐患，还可能使他们产生恐惧心理。

（3）活动场地设计时应注意场地的平整连续性，与道路衔接尽量避免出现“一步台阶”，对较小的竖向高差宜采用缓坡过渡，坡度不大于 1 ∶ 12，方便轮椅、婴儿车的进出通行，同时降低儿童由于在活动中追逐、攀爬等行为较多而受伤的风险。另外，条件允许的情况下宜同时考虑特殊儿童的需求，设置无障碍设施，提供残障儿童与健全儿童共同进行活动的场地。

案例 4-3　北京市民安小区“欢声笑语的院子”

民安小区公共空间改造方案充分考虑居民的实际使用需求与改造限制条件，以“欢声笑语的院子”为主题，针对小区中老人与儿童占比高的特点，将无障碍设计理念贯彻落实到多个细节，营造了一个安全舒适、凝聚社区活力的场所。

北京市民安小区“欢声笑语的院子”

儿童活动区域布置在日照条件较好的场地中心，通过绿篱将场地与车行通道、停车空间进行分隔，保证场地完整性和儿童活动安全性；设置二层平台，利用高差设置滑梯、大台阶等设施，增加场地的趣味性；将场地中原有混凝土路坎全部移除，利用无障碍坡道消除场地与单元入口之间的高差，方便轮椅、婴儿车进出和通行；无障碍坡道舒缓防滑，设置双层扶手，台阶、花坛转角处均做圆角处理，提高使用的安全性、舒适性。

案例资料来源：cityif. 儿童友好 006| 我身边的儿童友好空间第Ⅱ弹——活力乐园 [EB/OL]. [2022-12-26]. https：//mp.weixin.qq.com/s/1BHMNY0J-Pusjc1gYJj6jQ

（4）儿童主要活动的室外道路、地面铺装应平整而且防滑，不能有锐利的边石，宜采用柔软、透水、耐磨、不易扬尘的材质，如草、沙、石、泥土等自然材料，或橡胶垫、橡皮砖、人造草皮等人工材料，可以有效降低儿童受伤的概率。

案例 4-4　青岛市金玉府小区“小宇宙乐园”

金玉府小区内的一处闲置场地，通过“场地改造 + 装置植入”的方式，引入宇宙主题元素，打造为一个满足儿童观赏体验及探索游乐需求的“小宇宙乐园”。

场地设计中，根据场地关系以圆形作为串联节点，并统一在透水胶粘石路面上铺设塑胶，增强视觉整体性与安全性，同时以水洗石以及趣味木桩的形式增加二级路线连接，保证儿童到达每一个装置的路径更加多元化。此外，对原场地中的缓坡地形，采用轻微改变坡度的方式并结合宇宙主题的概念，做成配置水磨石滑梯的陨石坑，在保证安全性的同时增加了趣味性。

案例资料来源：Hapitor. 张唐作品丨青岛小宇宙乐园 [EB/OL]. [2022-12-26]. https://mp.weixin.qq.com/s/-kbtqyZ6fMHn-dcfKapyrg

4.1.4　策略三：创造步行友好的道路环境

交通安全问题是影响儿童使用社区户外活动空间的主要因素之一。儿童作为社区中最常使用道路的群体，受视线较低、可视范围有限的影响，相比成年人更难发现快速行驶的车辆，也更难被驾驶员察觉，容易因视野盲区而产生安全隐患。另外，有自主活动能力的儿童即使在成人的陪伴与看护下，也可能出现突发性的危险行为，如突然挣脱父母的牵手从人行道跑到行车道上。因此，在道路设计中宜采用降速、步行优先、标识提示等方式，保障儿童与监护人的安全，打造安全的儿童出行环境（图 4-3）。

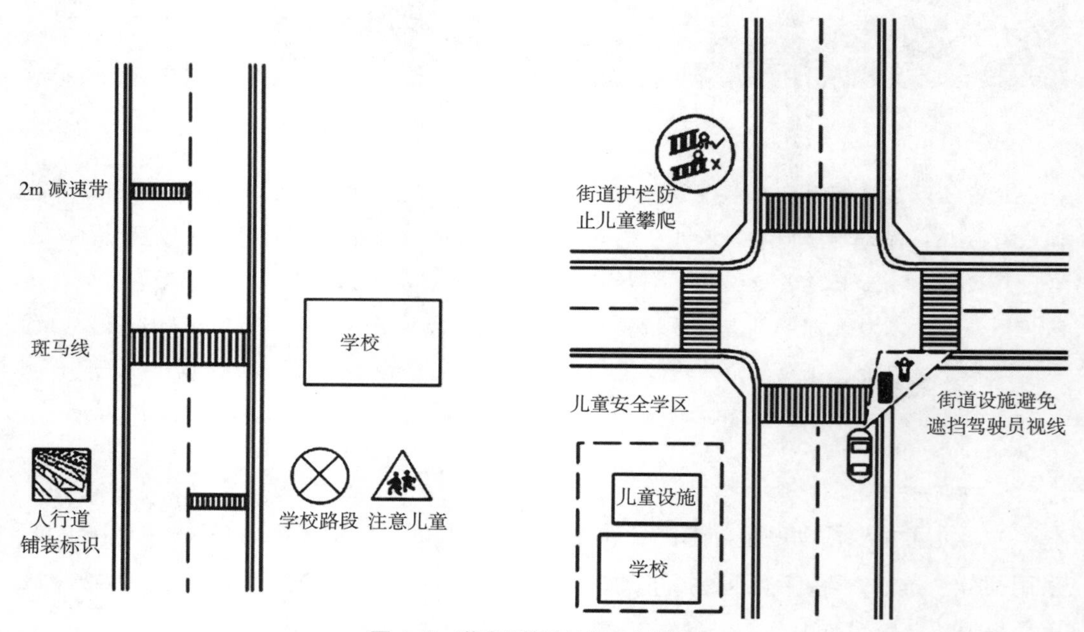

图 4-3　道路环境设计的安全性措施

（1）在儿童设施（如学校、游乐场等）主要出入口附近的交通路口，设置特殊标识或语音提示，提醒儿童留意车辆来往方向（单向或双向）；学校出入口附近的道路上如有过街斑马线，应在斑马线前设置宽约 2m 的减速带，配合警示牌、限速标识牌等，提醒司机提前减速并注意避让穿行马路的儿童。

（2）街道护栏的设计应防止少年儿童攀爬，建议选取简洁、通透的形式，避免遮挡或干扰驾驶员视线。

（3）街道家具或设施应控制高度和距离，避免过高而遮挡机动车驾驶员视线，造成视线盲区。

（4）尽量避免将社区内主要儿童活动设施和场地分散在城市主要交通性干道两侧布置，鼓励将设施和场地集中设置的街区划定为“儿童安全学区”，内部强调儿童出行优先的道路设计，在儿童主要穿行路口适当缩小车道宽度，强化斑马线提示，设置儿童优先的标识牌等。

案例 4-5　深圳市百花“儿童友好街区”慢行交通改造

在慢行交通改造方面，通过增设自行车道、彩色斑马线、无障碍过街、智能预警过街等措施建设区域慢行系统，重塑慢行、有序、舒适、无障碍的儿童友好型街区，确保儿童外出时能有安全的出行环境。具体做法包括：①在小学、幼儿园出入口所在道路设置通学优先道，如用彩色斑马线警示司机降低车速、用彩虹自行车道界定路权等，全面保障儿童的出行安全；②在儿童通行频密的交通路口配备安全预警过街的智能交通系统，预警系统嵌入的 AI 智能人体识别算法，通过警示灯提醒机动车和行人文明畅行，以及培养儿童遵守交通规则的良好习惯；③在南天二花园入口至深圳实验小学门口新增百米风雨连廊，白天作为学生上学路上的安全通道，夜晚则变为街区的艺术通廊。

深圳市百花“儿童友好街区”介绍内容见案例 3-13。

深圳市百花“儿童友好街区”
彩色斑马线、彩虹自行车道
图片来源：宋权友提供

案例资料来源：深城交.深圳首个儿童友好型示范街区开街，交通中心设计师揭秘“从一米高度看去的风景”[EB/OL]. [2022-12-26]. https://mp.weixin.qq.com/s/JBOKXTX9dZHnylzm4lFq4w

案例 4-6 长沙市丰泉古井社区“儿童安全步道”

针对丰泉古井社区街巷中存在的非机动车、机动车乱停乱放现象，“儿童安全步道”建设主要从非机动车停车区域划分与停车装置设计两个方面力求缓解问题。具体做法包括：①设计了儿童友好的镂空小人休闲座椅，不仅引导车辆集中停放，还可以作为小朋友进行娱乐活动的艺术装置，从而改善步道交通环境；②通过人车分流的设施布置和交通安宁化的路面设计，使步道更利于儿童安全、便捷地出行，并在每天必经的上学通道内设计了音乐装置，丰富小朋友在公共空间的娱乐方式；③增加了儿童友好标识系统，在街道中设置引导标识，将街巷名称、社区故事、设施、资源等进行系列化的标识设计；④以多个室内外儿童游戏空间为节点，以儿童友好的安全步道为线性空间，将社区整个街巷空间进行串联，创造连续的安全路径。

长沙市丰泉古井社区“儿童安全步道”

（5）鼓励对儿童出行频次高的路段强化视觉提示设计，如采用醒目的斑马线涂装、人行道彩色铺装等。

案例 4-7 成都市双和“儿童交通友好社区”

2018 年，大众汽车集团（中国）与中国妇女发展基金会启动“儿童交通友好社区”项目，成都市高新区桂溪街道双和社区作为国内首个项目试点，旨在打造安全、舒适、友好的“儿童交通友好社区”。

在硬件改造方面，增设阻车花台、交通标识、黄闪灯及儿童分类垃圾桶等设施，解决机动车占道的问题；部分道路由原来的双向通行改为单线通行，减少早晚高峰的拥堵时间；增设行人通道，减少学校和幼儿园门口行人横穿马路现象等。鼓励社区参与交通标识的改造设计，在参与过程中逐渐培养儿童的交通安全意识。“儿童交通友好社区”建设在保障了儿童出行、玩耍、上下学时段安全的同时，也促进了社区居民的共同参与。

成都市双和“儿童交通友好社区”

图片来源：成都市双和社区：打造国内首个“儿童交通友好社区”[J]. 江苏城市规划，2019（3）：40–41.

4.1.5 策略四：使用安全无害的设施和材质

对于儿童经常使用的游戏设施和活动场地的铺装，有必要进行针对性的安全防护设计。按照安全标准规范与儿童需求进行活动设施的设计与材质的选择，减少儿童接触有害环境的可能性，降低儿童摔倒、跌落、碰撞等潜在风险，并发挥缓冲保护的作用。

（1）室内外设施设计应严格遵守儿童相关的各项标准规范，特别是门窗、防护栏杆、扶手、游乐设施等。根据《托儿所、幼儿园建筑设计规范》（JGJ 39—2016）（2019 年版）的要求，门窗设计需注意高度和开合方式：当窗台面距楼地面高度低于 90cm 时应采取防护措施；防护栏杆应采用防止幼儿攀登和穿过的构造，采用垂直杆件做栏杆时，其杆件净距不应大于 9cm，避免儿童意外坠落或受伤；幼儿扶手高度宜为 60cm，可在成人扶手下方增设；适合幼儿使用的洗手池，高度宜为 40~45cm，宽度宜为 35~40cm。根据《小型游乐设施安全规范》（GB/T 34272—2017）和《大型游乐设施安全规范》（GB 8408—2018）的要求，跌落高度超过 60cm 的小型游乐设施，在所有的防碰撞区域应设有沙土、橡塑地板等缓冲层；游乐设施周围及高出地面 50cm 以上的站台，应设置安全栅栏或其他有效的隔离设施，室外安全栅栏高度应不低于 110cm，室内儿童娱乐项目安全栅栏高度应不低于 65cm 等。

（2）家具和设施应保证表面材质的光滑，避免出现尖锐的棱角，转角处宜采用圆角形式或以软性材质包裹，避免儿童在活动中因意外磕碰而受伤。

案例 4-8 北京市三里屯街道“瑜舍微花园”

北京市三里屯街道“瑜舍微花园”的更新改造中，注重打造样式时尚且又保障安全的儿童活动空间，具体改造措施包括：将热力井用铝板围住，防止烫伤风险；将儿童活动场地中有可能发生磕碰的地方打磨成圆角，防止儿童擦伤；调亮夜间园区灯光，给人带来心理安全，并且全部灯具都为12V低压灯，避免触电的危险。在设计中，对铝板墙、艺术亭、石材座椅等设施的造型反复进行推敲，兼具时尚、创新、开放、包容和国际化的特点；儿童活动设施设计新颖，颜色搭配清新，并有攀爬活动的功能。另外，活动场地建设中尽可能使用环保材料，种植低维护成本的本地植物，为儿童创造更多可以接触自然的机会。

案例资料来源：cityif. 儿童友好005| 我身边的儿童友好空间第Ⅰ弹——秘密花园[EB/OL]. [2022-12-26]. https://mp.weixin.qq.com/s/VsI2Nv519yXM_6rkjRFj7Q

（3）室内外设施应放置稳定，各设施部件之间连接牢固且缝隙宽度合适，避免儿童卡住或跌落；可折叠家具应做保护装置，避免夹伤孩子或被打翻；高度超过60cm的柜类应该有固定装置，防止发生倾倒，并设置通气孔和防儿童反锁装置。此外，定期对设施进行维护和管理，防止设施损坏对儿童造成伤害。

（4）儿童设施设计应考虑儿童尺度与应急需求，如设置儿童洗手间、儿童桌椅等方便儿童使用的设施；鼓励配备供儿童使用的楼梯扶手；公共空间紧急通道里设置儿童易于理解的标识牌，方便突发事件发生时指引儿童快速安全撤离。

（5）室内外材质应符合环保要求，选用无毒无味的材料和涂料。这是因为儿童有特殊的生理需求与活动特点，如低龄儿童喜欢在地面爬行，有舔、吮吸手指的习惯，对周围环境的敏感度更高。

案例 4-9 雅安市“熊猫绿岛公园”

“熊猫绿岛公园”位于四川省雅安市新老城之间的水中坝岛上，其中的熊猫主题亲子乐园是一处专门为儿童精心设计、免费开放的户外儿童活动场地。

亲子乐园中设置了保障儿童游戏安全的多项措施，包括设置安全提醒标识和防护围栏；滑梯和秋千周围预留足够的缓冲区；游乐装置的零件和拐角处进行柔化处理；场地铺装采用无毒、环保、柔性的材料；喷泉装置注意水花的大小和压力；用栏杆和绿篱隔离开情景麦穗灯，既保护儿童的安全，也保障设备的正常使用。另外，设置监护配套设施，如各游戏活动场所周边设置监护人休憩区，方便家长舒适地陪伴孩子；采用高大乔木与花卉地被结合的种植方式，保证家长看护视线的畅通。

雅安市"熊猫绿岛公园"

图片来源：北京清华同衡规划设计研究院

案例资料来源：清华同衡规划播报．风景园林类 | 为儿童而设计：雅安市熊猫绿岛公园景观设计 [EB/OL]. [2022-12-26]. https：//mp.weixin.qq.com/s/cG-3L0DPSzSDFV7Vxtu13Q

4.1.6 策略五：制定场地使用安全公约

儿童的不适当行为以及监护人对安全的不够重视是社区里儿童发生安全事故的重要原因。因此，制定和普及活动设施的使用规则、安全注意事项等，有利于引导儿童和监护人正确地开展活动。鼓励社区居民（包括儿童）参考相关安全标准，共同讨论和制定活动场地的安全公约或规则，并将其放置在场地醒目的地方进行展示，从而培养居民的规则意识与行为习惯，起到自我约束与互相监督的效果（图 4-4）。

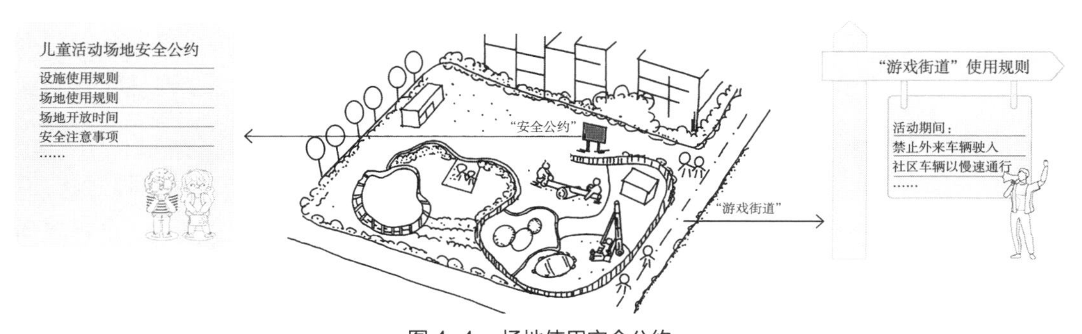

图 4-4　场地使用安全公约

（1）游戏设施和场地中应醒目展示明晰的使用规则，引导儿童安全、文明地玩耍，如秋千的安全用法、跷跷板的注意事项等。若社区内有"游戏街道"，应制定专门的道路使用规则，约束儿童和通行车辆的活动形式和使用时段等，如道路转换为"游戏街道"期间，禁止外来车辆驶入，要求社区内的车辆以慢速通行，儿童在听到哨声后必须立即停止活动并避让车辆等。

（2）鼓励居民积极参与活动场地的安全规则制定和安全秩序维护，如在学龄儿童多的区域，以小区或班级为单位，采取"步行巴士"的方式，由监护人和社区志愿者陪同孩子上下学；又如在“游戏街道”和儿童出行路径，发动监护人和社区志愿者作为向导，维护交通秩序，保护儿童安全。

案例 4-10 深圳市福海街道“步行巴士”

深圳市福海街道结合辖区学校的实际情况开通了“步行巴士”，通过组织儿童排队步行上下学，让儿童学习交通安全知识，结识新朋友促进人际交往，同时解决家长接送难的问题，缓解校门口的交通拥堵。“步行巴士”具体指采取一群儿童共同结队步行上下学的方式，家长或志愿者自发组织起来轮流护送，“驾驶员”走在前面带领整个队伍，“售票员”跟在队伍后面。儿童和家长都穿上反光亮色的马甲，以提醒机动车进行避让。

2018 年，桥头小学首次试点应用了“步行巴士”，获得了家长、儿童以及学校的一致认可。每天在交通协管员的带领下，儿童搭上“步行巴士”1 号线，早上从幸福花园站准时出发，安全到达学校；中午从学校站台出发，安全到达各站点。目前“步行巴士”已经在福海街道的其他学校得到了推广应用。

4.2 趣味性

4.2.1 从空间趣味到使用趣味

充满趣味性的空间与设施是吸引儿童活动行为发生的重要因素。瑞士著名儿童心理学家让·皮亚杰提出，儿童的知识是在动作探索中取得的。探索的前提是保证儿童绝对的兴趣感，而趣味性的游戏空间往往能够激发儿童的兴趣，并在游戏中培养儿童富有创造性的想象力与好奇心。同时，儿童对感兴趣的事情会全身心地投入，并保持高度的专注力。脑神经科学的研究显示，大脑中海马体分泌的多巴胺激素能促进新旧信息之间的连接。儿童在做自己感兴趣的事情时，会刺激大脑分泌多巴胺，保持长时间的专注力，并体会到事情完成所带来的成就感。

趣味性一般包含静态（审美）和动态（互动、创造）两种，在社区儿童活动空间的设计与使用中，具体体现为以下两种形式：

（1）静态趣味的空间设计。指空间设计符合儿童审美，如拥有卡通图案和鲜艳的颜色。色彩在儿童成长启蒙过程中非常重要，在认识数字和汉字之前，色彩是儿童用眼睛认识世界时所感触到的首要信息。各种不同的色彩除了能吸引儿童的目光，还可以刺激儿童的视觉神经，促使视觉发育。相关研究表明，儿童普遍对明亮色彩的敏感性更强：0~2 岁儿童对具有光、声、色彩的物体较敏感；3~6 岁儿童偏爱明亮的色彩；随着年龄的增长，儿童对高彩度颜色的偏好逐步降低[4-5]。此外，色彩还可以激发儿童的想象力和创造力，推动他们的认知和情感发展，如暖色调为主、纯净而明亮的色彩通常对儿童来讲极富吸引力。

（2）动态趣味的空间使用。指通过特别的空间设计，如地形变化、配有发声装置、儿童口吻的文字等，能够诱发充满趣味性的活动过程，让儿童享受空间的使用并沉浸其中；或是在参与式设计过程中加入吸引、激励儿童参与的趣味环节，如涂鸦墙绘、共建社区花园等（图 4–5）。

丰富的微地形设计　　结合地形设置滑梯等游戏设施　　设计有趣的游乐设施

图 4–5　儿童户外活动场地的趣味性措施

“游戏”的魅力在于游戏不仅体现在玩玩具，而且应贯穿于儿童活动的整个场所，乃至整个社区都可以成为儿童进行游戏体验的环境。游戏也是儿童重要的学习方式，通过看似简单的玩耍，使儿童身体的各个器官和各类感官得到锻炼，视觉、听觉、触觉、知觉、记忆、思维、想象力等在这个过程中得到提升，同时还能带来满足感和愉悦感。

反观我们大量的社区中，往往缺乏有趣和吸引儿童的活动空间。千篇一律、固定样式的游乐设施很难为孩子提供丰富且有趣的游戏体验。根据认知发展理论，儿童认知发展分为同化、顺应、平衡三个基本过程 [6]。同化指主体用已有认知结构去认识外部事物；顺应指主体改变已有的认知结构以适应外部环境的变化；平衡是个体认知发展的动力，当个体运用已有认知结构不能解决当前问题时，平衡状态即被打破。失衡后，个体必须接受新知识，通过同化和顺应将新知识纳入到已有的认知结构中，主动地构建新的认知结构系统，从而达到新的平衡。尤其是幼儿期儿童正处于对外界丰富的色彩、形状、材质等元素充满好奇的阶段，在游戏活动中对外界的丰富感受和体验对其认知发展大有裨益。所以在设计中，通过使用多样的颜色、形式、材料等，有助于促进儿童的同化和顺应，利用可变的、富有趣味性与创造性的空间环境与设施，有助于打破已有的平衡状态，引起儿童强烈的求知欲，引导他们去发现、探索与实践，激发创造力。例如对于几乎所有的儿童而言，一个小小的沙坑都能吸引他们玩上一整天，正是这类沙子、石头等“松散材料”将儿童自主创作的不确定性纳入游戏内容，带来自由新奇的探索体验 [7]。

4.2.2 策略一：设计丰富有趣的户外活动场地

有趣味性的活动场地可以激发儿童参与甚至自创游戏活动的兴趣，通常体现为环境和设施构成要素的材质、形状、色彩等包含让儿童的知觉、情感等产生兴趣的信息，如丰富的地形设计、形式多样的游戏设施、鲜艳的颜色搭配等。

（1）设计有趣味行为体验的活动场地。如利用原有的地形地貌或采取人为措施，进行高低错落的微地形设计，让儿童体验空间变化带来的乐趣，或是结合地形设置斜坡、攀爬墙、洞穴、滑梯等让儿童可以用不同的体态、行为（如打滚、俯冲、滑行、躲藏等）进行探索的游戏设施。

案例 4-11 北京市小南庄社区“儿童滑梯乐园”

在北京市海淀区海淀街道的小南庄社区，住宅楼宇之间有一处闲置、失修的人防工程，旁边还有停车场、休憩凉亭、散乱安置的种植箱、私搭乱建的杂物棚等，空间长期没有得到合理利用。在街道的大力支持下，集结“1+1+N”街镇责任规划师专业力量，同时聚合高校师生、设计团队、社区居委会、业主、物业公司等共同参与到小微空间的改造之中。

破败的人防工程改造后成为儿童追捧的游戏场地。场地中不仅增加了滑滑梯、攀爬台等游戏设施，还融入了沙池、观景台、社区花园及动植物科普等小品，既满足儿童的需求，又给家长提供无死角的看护与休憩空间，实现了闲置资源因地制宜的良好活化。整体设计有利于儿童身心健康发展，为打造儿童友好社区打下重要基础。

案例资料来源：海师·海诗丨大手铺路小手绘——小南庄社区小微空间改造 https://mp.weixin.qq.com/s/yvBkqcG-v0075wi_lN48fg

北京市小南庄社区“儿童滑梯乐园”

案例 4-12　法国巴黎“贝尔维尔儿童游乐场”

“贝尔维尔儿童游乐场”（Belleville Playground）设置在法国巴黎的贝尔维尔公园中，借助一种安全的、开放式冒险的设计手法满足儿童的探险需求。游乐场的设计灵感来源于具有多种形式并由所有年龄段的儿童进行分组玩耍的“游戏屋”游戏。

在斜坡游乐区中，有针对不同年龄段的倾斜度与难度的攀岩路线。底层的木制坡面有许多奇怪的角度和具有挑战性的表面，中间包括折叠的混凝土基座和绳索，顶层有一个巨大的橙色塔模拟树屋。整个乐园并没有固定的攀爬方式，儿童需要动脑想办法爬上去。游乐场自从开放以来，虽然具有挑战性，但是没有关于儿童受伤的记录。

案例资料来源：DIVISARE. Base/belleville playground[EB/OL]. [2022-12-26]. https：//divisare.com/projects/ 202433-base-belleville-playground.

（2）设置富有趣味性的游乐设施。有着醒目外观与独特造型的设施往往更能吸引儿童的兴趣，如应用创意几何图形、卡通图案或是拟物化的造型（如魔方建筑、大象滑梯、青虫传声筒、树杈秋千等）；布置迷宫小径、拱廊或下沉小路等作为儿童在活动场地中穿行的道路以及游戏设施；以及在沙坑中增加游戏屋或平台等辅助设施，给儿童在沙坑中玩耍时增添更多的乐趣等。

案例 4-13　长沙市雨花区中航城国际社区“山水间”社区公园

“山水间”社区公园位于长沙市雨花区中航城国际社区。公园内为儿童设置了一些复合功能的游戏设施，如将雕塑小品与儿童游戏功能相结合、将文化知识传播融入公园景观设计中，探索了游戏设施趣味性的可能。

其中，“阿基米德取水器”通过顺时针方向旋转取水器的圆盘，可以将湖中的水向上抽至小水渠中，随后小水渠中的水因重力作用会顺流至生态湿地中，经过植物净化后回流至生态湖，形成小型的水循环。

阿基米德取水器

公园内有由硬质钢管模拟青虫的模样制成的简易传声器，可以通过两端的喇叭进行传声游戏。由于钢管管径较粗，也可充当临时的座椅，供人们休憩。地上摆放着三只大瓢虫，拨动瓢虫的眼睛会传出轻柔的音乐，瓢虫壳体光滑，小朋友也能在上面进行攀爬活动。蚂蚁之家雕塑用不锈钢网焊接而成，中间的蚁妈妈腹部有一个小洞，小朋友们可以钻进去，透过不锈钢网观赏周边的景色。

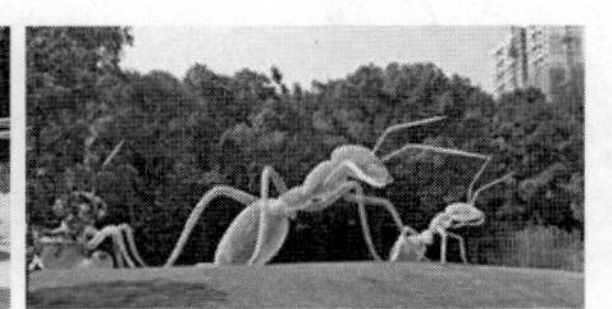

公园中部分仿昆虫儿童设施

4.2.3 策略二：营造活泼引人的室内活动空间

趣味性的室内活动空间可以不受天气等因素影响，吸引儿童开展各项游戏活动。对于公共休闲区域、多功能活动室，以及大厅、中庭、走廊等空间，可以通过空间分割、挤压、整合，包括景墙、家具布置、游戏设施摆放（图 4–6）等多种方式，在符合规范的前提下营造激发儿童兴趣的空间场景。

图 4–6 通过家具布置、游戏设施摆放等增加室内活动空间的趣味性

（1）室内公共场地中鼓励开辟儿童游戏空间，空间设计可通过家具造型、多样的布置形式和多功能装饰（如手绘墙等）等满足儿童多种游戏需求；根据实际需求配置儿童感兴趣的游戏设施与装置，如投影互动砸球或滑梯、亲子互动设施等，增强设施的趣味性。

案例 4–14 德国柏林儿童博物馆

柏林儿童博物馆是一个活跃的博物馆和家庭的文化空间。在面积约 1200m^2 的空间中，布置了一个高 7m 的迷宫式攀爬架、活动的镜子屋和可以自由地用铅字排版写文章的博物馆印刷房；艺术实验室里有显微镜、微生物和艺术品，还有可以举办小型展演活动的阶梯开放空间。孩子们可以在其中玩耍、攀爬，参加一起动手的项目、进行实验和尝试，或者观看展览。各个活动空间之间都有视觉上的联系，形成一个动态的循环流线；室内空间富有灵活性，同时还强调尊重孩子自己的成长节奏，致力于为孩子建造一个与他们智力相当的学习环境。

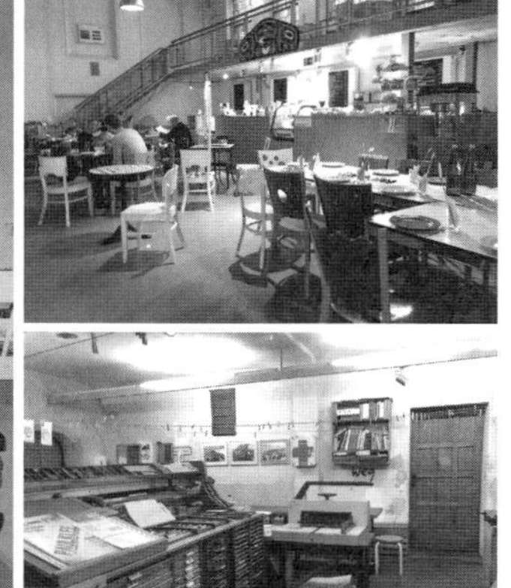

德国柏林儿童博物馆

（2）室内活动空间的颜色使用符合儿童审美，采用合理、创意的色彩搭配，如主色与点缀色、活泼的混色等颜色搭配形式，充分调动儿童空间使用的积极性。

案例 4–15 上海市“兜兜侠悦读森林儿童绘本馆”

“兜兜侠悦读森林儿童绘本馆”位于上海市喜玛拉雅中心，包括科学探索乐园、绘本零售区与绘本借阅区等，是上海最大的亲子阅读空间。根据不同年龄儿童的各类活动需求进行儿童专用空间设计，室内装修采用丰富且适宜的色彩搭配和对儿童有吸引力的色彩亮度和饱和度，绿植装饰与喜玛拉雅中心的外立面相得益彰，各式各样的座椅既有活力又增添舒适感。

案例资料来源：设计腕儿．黄鹏霖 & 黄怀德：上海兜兜儿童中心绘本馆设计 [EB/OL]. [2022-12-26]. http：//www.designwire.com.cn/mix/12149

4.2.4 策略三：提供探索性的空间体验和创造过程

除了专门的儿童活动场地，整个社区也可以成为对儿童而言充满探索性和趣味性的乐园，让儿童在日常生活、出行、交往中，有更多的机会作为学习活动的主体，积极主动地在游戏中丰富体验、提升能力，实现寓教于乐、寓学于社（图 4–7）。

（1）鼓励在社区场所设计中融入趣味性的空间体验元素。例如，在上下学的道路上，道路提醒标识采用对儿童有吸引力的色彩和图案，如地面彩绘、动物图案铺装等，引导儿童在兴趣盎然中沿着指示路径步行；道路旁布置儿童可参与种植的植物等，让儿童在开心愉悦的空间里行动和体验的同时，无形地接受了安全出行引导与科普教育。

有趣味的上学路径　　　　儿童参与墙绘活动

图 4-7　提供探索性空间体验与创造过程的措施

案例 4-16　日本千叶大学“社区参与式可食用景观美化”项目

日本千叶大学“社区参与式可食用景观美化”项目，通过与社区合作共同开发食用景观的方式，在沿街空间放置可移动的种植袋，达到美化和活化街道空间的目的。该项目获得 2017 年日本优秀设计奖。

项目中的“植物种植袋”由校园提供，自愿参与的社区居民经过课程培训后，将其种植在社区公共界面，同时为上下学的儿童营造了一条有趣的可食用景观道路。此外，在果蔬成熟之时，社区和学校组织居民进行采摘，共同品尝。儿童上下学行走在“可食之路”时，不仅体验街道空间的绿色种植，而且可以对植物生长情况进行观察，并对植物进行培育养护。项目一方面拓展了景观的食用功能，另一方面激发了儿童的探索心理，并实现科普作用，使街道充满趣味。

案例资料来源：木下勇 . 2017 “GOOD DESIGN AWARD” [EB/OL]. [2022-12-26]. https://www.g-mark.org/award/describe/46067

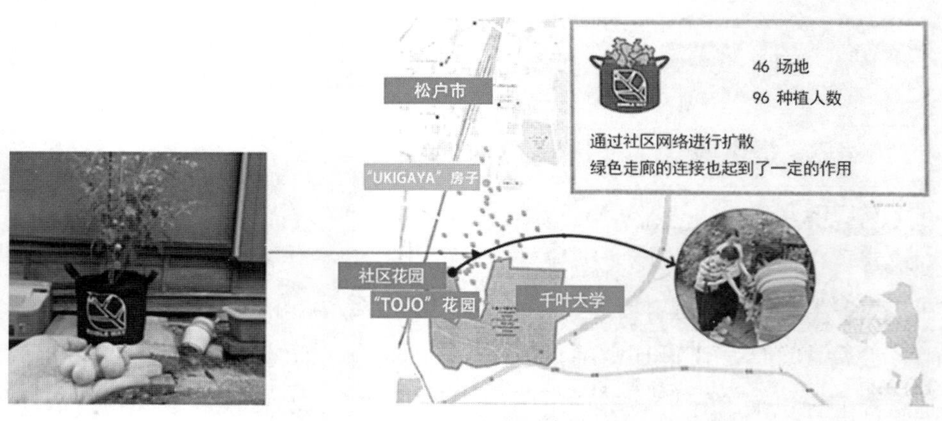

日本千叶大学“社区参与式可食用景观美化”项目方案

图片来源：http://edibleway.org/index.html

（2）在社区规划中融入儿童参与式设计的内容，如组织“我是小小设计师”等活动，吸引和鼓励儿童参与，用自己的视角去关注身边的生活环境，积极思考背后的问题，借助已有的知识，利用身边各种可能的材料和物件，或是想办法寻求帮助等，充分发挥想象力和创造力，推动社区问题的解决和空间的改善，并引导他们参与改造后空间的维护管理。通过这种开放、互动的参与式空间再造过程，激发儿童在既有知识和资源与问题解决之间用行动搭建桥梁，实现在趣味中探索、在趣味中赋能。

案例 4-17　北京市毛纺北小区“井盖彩绘”活动

社区规划师团队在毛纺北小区公共空间使用情况的调研中发现，不少排水井盖的缝隙中塞满了废弃物。这其中的原因既有路人随手丢弃，也包括孩子的玩耍行为，从而造成排水不畅和地面积水等问题。

为提高大家对社区环境问题的关注，社区规划师团队协助社区两委组织了“井盖彩绘”亲子活动，带领社区内小朋友和家长一起设计，亲手美化社区内的排水井盖。各种充满童趣和爱心的图案为老旧小区带来更多的活力和暖意。一方面，通过亲子绘制趣味图案的方式，柔性劝阻不文明行为的发生；另一方面，通过参与的方式，帮助孩子从小建立自主维护居住环境的责任意识，在身体力行再创造的过程中实现环境教育。

北京市毛纺北小区“井盖彩绘”活动

图片来源：“新清河实验”课题组

案例 4-18　北京市学院路街道“我是小小设计师”活动

2018 年，北京市学院路街道城事设计节的“街区更新 · 路人变主人”工作坊中，石油附小二里庄校区的同学们参与了小学门口二里庄斜街的墙面设计。

在“大风吹，吹什么”的破冰游戏后，主持人引导同学们在责任规划师团队绘制的二里庄斜街鸟瞰图上进行回忆，标识出自己的上学路线，从新的角度认识斜街，并重新思考自己每天必走的上学路。然后，同学们以画画、拼贴、小组讨论等方式进行热烈的现场创作，大家玩得不亦乐乎，更有许多人直接趴到地上，分工协作来尽情挥洒自己的创意与想法。最后，同学们的作品经过专业设计师团队的优化，在斜街改造中上墙，成为校门口别样的风景。通过街区“我是小小设计师”儿童参与式设计的方式，进一步推动街区更新，构建新型生态社区。

案例资料来源：清华同衡规划播报．路人变主人，小小设计师街区更新显身手 [EB/OL]. [2022-12-26]. https://mp.weixin.qq.com/s/GnxLY-LhNUG4lwfGl1MfwQ

北京市学院路街道“我是小小设计师”活动
图片来源：北京清华同衡规划设计研究院

4.3 自然性

4.3.1 从景观感知到自然教育

场所中的自然环境和景观对儿童的身心成长和教育具有重要的积极作用。斯蒂芬·R·凯勒特（Stephen R. Kellert）在《生命的栖居：设计并理解人与自然的联系》（*Building for life: Designing and Understanding the Human-Nature Connection*）一书中指出，童年时代是与自然接触、相互联系最关键的时期，它影响身心的发展和成熟，甚至会影响一生的学习能力[8]。在儿童的认知成长中，其亲近自然的属性和意愿比成年人更加明显，对环境的反应比成年人也更为直接和活跃，能敏锐地发现高低、远近、软硬、暗亮等概念，这些概念的客观物体又能激发他们的想象力，并强化学习乐趣[9]。此外，儿童在自然环境中活动，还有助于获得全面而系统的免疫能力，减少注意力缺失症、自闭症等疾病的发病率[10-11]。

增加儿童活动场地中的自然性，可以通过设置与自然相关的元素，如地形、植栽、自然材料和“可组合单元”等来实现。其中，自然材料指给人以自然质感或观感的材料，包括石头、水、沙、树枝、树皮、树叶、木材、木屑、果实、草地、苔藓、泥土等；“可组合单元”指场地中为增加游戏乐趣而设置的可供儿童自由移动的原木块、石块等[12]。具体的元素形式又可分为两种：①真实体现。在设计中运用真实的自然元素，如绿植、石头、蔬果、花、动物等，让儿童在空间中可以直接触碰、看到、听见、闻到真实的自然；或把自然的原材料运用到人造景观中，以间接的方式让儿童触摸自然，如喷水池、木制玩具等。②仿生模拟。采用模仿的方式，把自然的形象或质感体验融入空间设计中，如动物形象的儿童设施，可以激发儿童的亲近感和好奇心。

将自然或仿生的要素融入空间中，进而带给儿童自然的体验，主要体现在以下两个层面：

一是促进儿童通过他们的不同感官去学习和了解世界。根据景观感知理论，景观感知的过程可以概括为景观刺激、产生感受、升华认知、情感反应四个阶段[13]。一个好的社区空间环境，通过提供能感知的多种自然要素，激发儿童充分释放自身的视觉、听觉、触觉、味觉和嗅觉等感官功能，在自然感知的基础上与环境进行互动甚至产生创造性行为。

二是通过自然教育的方式，帮助儿童更好地认识自然、理解自然和保护自然。2015年，联合国教科文组织（UNESCO）社会学习和可持续发展主席阿尔杨·瓦尔斯（Arjen Wals）提出，自然教育是面向全体民众，并以青少年为重点教育对象[14]。自然教育以自然环境为背景，以人类为媒介，通过科学系统的教育方法，使儿童在融入大自然的过程中，实现对自然信息的有效采集、整理、编织，形成绿色生活价值观。自然教育强调儿童在自然环境中通过参与认识自然、感知自然、探索自然、学习自然等活动，体验学习关于自然的事物、现象及过程，形成爱护自然、保护自然的意识形态。

由此，儿童友好社区空间的自然性原则，意味着社区环境设计中从景观感知到自然教育的策略融入，通过重视社区中儿童活动空间与自然要素认知、自然环境体验、自然教育培训的融合，激发他们全身心投入到自然中获得丰富、真实、直接的感官体验、行为体验和情感体验，培育对大自然的爱护之心、感恩之心。

4.3.2 策略一：构建安全可亲近的自然环境

社区自然环境可以直接，或者通过吸附作用从而降低空气中污染物含量等间接途径，影响儿童的健康与安全。精心营造对儿童安全、可亲近的自然环境，通过在室内外空间中配置无毒无害的特色植物等方式，形成儿童友好的自然活动环境和景观体系。

（1）街道空间的植物配置宜选取树冠高大的乔木、低矮的灌木和草地花卉等，避免遮挡驾驶员及行人视线，并丰富儿童的视野景观。

（2）儿童室外活动空间中的植物宜以乔木为主、灌木为辅，选择无刺无毒、无黏液、不易沾污、不易飘絮、不易引起过敏、分枝点高的植物，尽量避免使用带毒、刺的植物，如夹竹桃、玫瑰、月季、杨树等，保障儿童在进行触摸、采摘等亲近自然活动时的健康与安全。

案例 4-19 北京市美和园社区“加气厂小区 · 幸福花园”

“加气厂小区 · 幸福花园”项目是“新清河实验”团队在清河街道开展的一项参与式共建社区花园的活动，通过发动社区居民、志愿者共同将一片闲置空地改造为充满生机的生态花园，不仅在空间上助力老旧小区的有机更新和活化，改善生态环境和空间品质，更重要的是，将规划作为一种公众参与和生态教育的社会过程去关注，从而强化邻里关系、地方认同和生态保护意识。

在花园营造的过程中，“朴门永续”设计的理念贯穿始终。营造材料皆为自然材料，且尽量做到物尽其用；花园的路面由松树皮铺设而成，主体框架由杉木杆串联围合形成；植物种植采用厚土栽培的方式，根据不同植物的适应性选择植物品种、栽种地点以及朝向；此外，在花园中还加入了昆虫屋、德式高床等朴门设计元素。充满自然情趣的花园为儿童提供了可步入、可观察、可触摸、可游戏的生态乐园。

北京市美和园社区“加气厂小区 · 幸福花园”
图片来源：“新清河实验”课题组

（3）儿童室内活动空间中增设自然景观元素时，宜选用适应本地气候的无毒、无刺植物，或对儿童有吸引力的观赏性动物，如鱼类、动物标本等。

案例 4-20　杭州市时代奥城小区儿童活动空间

杭州市时代奥城小区架空层通过设置色彩明快的主题墙绘，以及手鼓、传声筒等玩乐设施，为儿童打造了一个别样的游乐空间。架空层作为室内外植物香草花园相连接的空间载体，以植物科普为主题，通过植物和相关文字介绍的标本挂画，向公众普及植物知识。架空层外掩映的真实植物、植物投射在架空层的光影、墙绘的抽象植物与挂画中的植物标本之间形成了有趣的互动，实现室内外功能和主题的有效衔接。

案例资料来源：经典人居 .“架空层”新做法——不同功能，不同的设计策略！ [EB/OL]. [2022-12-26]. https://mp.weixin.qq.com/s/upBk79hyCoIhVaSXXJ-nbA

4.3.3　策略二：营造全感官体验自然的活动空间

营造全感官体验自然的活动空间，指在空间设计中运用自然景观与人造景观复合配置的设计手法，为儿童提供基于嗅觉、视觉、听觉、触觉等去全方位地亲近、感知与体验自然的多种机会，让儿童在与自然空间的互动中激活各感官，更好地探索世界、学习知识，促进身心健康。

（1）活动空间景观设计中注意搭配刺激各类感官的景观要素，如花香（嗅觉）、红花绿叶（视觉）、水声虫鸣（听觉）、鹅卵石路（触觉）等，可以选择颜色鲜艳、有香气的花卉，风吹过叶子就会发出响声的植物等，也可适当种植一些吸引昆虫、鸟类的植物，帮助儿童形成完整的自然观。

案例 4-21　长沙市“P8 感官公园”

“P8 感官公园”由长沙 P8 空间研究所组织建设，是亚洲首个感官体验公园，鼓励利用感官认知世界，为全龄段人群提供一个自由玩耍和探索的神秘空间。

长沙市“P8 感官公园”

公园第一期设置了植物迷宫、赤脚行走、回音隧道、龙洗铜盆、声音可视、色彩实验、钢铁艺术、视觉真相、反转运动等多个体验装置，充分融入东西方文化中诸多不同的体验元素，儿童可以通过感官系统体验生长、振荡、重力、两极、色彩、几何、运动等自然现象，并发现这些现象背后隐藏的自然智慧与精神。

公园包括室内体验场和室外体验场。在室外，儿童可以在自然迷宫中行走；在室内，可以体验磬乐带来的听觉盛宴、触摸秦唐龙洗盆里沸腾的水花、感受光的折射与水的声音等。在这里各种感官的体验被具象化，声音可以被看见，触摸能让水沸腾，黑白颜色相遇时彩虹会显现等，让儿童充分感受与回归自然。

案例资料来源：乐蒲态教育．孩子思想的深度，是他能行走到的远方 [EB/OL]. [2022-12-26].https: //mp.weixin.qq.com/s/5P4IgxJg8B6KoJXlsAdaGg

（2）活动空间中布置真实的自然元素，如树、草、细沙土铺地等，也可运用喷泉、人造水池等人造自然景观，让空间更加生动；或使用自然材质的材料制作儿童游玩的设施，让孩子可以间接地触摸自然肌理。

案例 4-22　南昌市洪都“儿童飞行乐园”

“儿童飞行乐园”位于南昌市青云谱区洪都老工业区的洪都六区。这里曾经是全国重要的航空工业基地，设计师通过广泛征询居民意见，将场地中一片遗留的废弃水库巧妙地改造为儿童乐园。

儿童乐园以“飞机”为主题，分为上层全民健身区和下沉儿童游乐区。全民健身区结合周边场地，设计环形健身步道和健身设施，同时增设廊架、休闲座椅等休憩空间。下沉区域则利用原有的水库下沉空间，把下沉高度控制在 3m 左右，在空间中增加了沙地，方便儿童开展玩沙活动，同时结合场地高差设计了机舱趣味滑梯、爬爬网、轮胎爬爬墙、小型蹦床等多种儿童娱乐设施，打造为一个集儿童娱乐、居民休闲为一体的多功能综合乐园。

案例资料来源：洪都老工业居住区改造项目团队

南昌市洪都“儿童飞行乐园”

（3）活动空间中的景观和设施设计，可以模拟自然的形态、质地等，如模拟动物造型的儿童游乐设施，吸引儿童关注自然、认识自然，激发儿童的想象力。

案例 4-23 金地·中法 SE 国际中心儿童友好社区设计中金丝带绿廊项目

金丝带绿廊项目位于武汉·中法半岛小镇的金地·中法 SE 国际中心。金丝带绿廊项目以低饱和、轻介入的手法充分利用中法生态城优越的自然生态资源，体现在地化特征与适儿化改造的融合。主要设计重点为包括以下几个方面。

（1）门户设计——生态“织”门

用自然的手法塑造中法生态城门户形象，同时利用地形起伏创造大地艺术的自然空间形态。入口广场引导人流进入公园，同时也作为市民文化广场使用。开敞空间的建设和适儿化改造宜增设儿童使用的运动活力场地，并配置游憩设施。

（2）自然研学场地设计

将自然元素、生态系统和生物群落特征与多种创新的儿童活动设施融合在一起，进而创造出一个多感官、多功能的场所。能够更好地促进儿童社交、情感和身体健康，并重新建立起儿童与自然环境、自然材料的连接，达到使儿童在玩耍中潜移默化地获得生态知识的教育目标。

门户形象设计
图片来源：金地集团

自然研学场地设计
图片来源：金地集团

（4）在广场等活动场所中营造立体化的树荫空间。通过种植高大落叶阔叶乔木，形成宽敞、舒适的林下活动空间，夏季有良好的遮荫效果，冬季又能接受充足的阳光。

案例 4-24 北京市劲松小区儿童活动场地改造

劲松小区位于北京市朝阳区劲松街道，是改革开放后北京市第一批成建制的楼房住宅区。由于年代久远等原因，小区面临配套设施和活动场地不足、道路和绿化等设施老化等问题。2018 年，劲松街道与愿景集团达成合作，对小区进行综合改造和提升，探索以市场化方式吸引社会资本参与改造与物业管理的“劲松模式”。

在劲松北社区开展的公共空间提质改造中，针对原有社区小广场环境品质低、缺乏活动设施等问题，通过保留原有场地中的高大乔木，结合树阵灵活设置各类儿童玩耍、锻炼的游乐设施和活动场地，为儿童户外活动和看护人休憩提供了宽敞、舒适的林下空间。

案例资料来源：北京规划自然资源．城市更新系列之十丨“劲松模式”探索老旧小区试点改造 [EB/OL]. [2022-12-26]. https：//mp.weixin.qq.com/s/zUvA6ZiRjbz3lyoOqucL4Q

劲松小区儿童活动场地

4.3.4　策略三：提供室内外自然教育场所和活动

儿童时期是与自然接触、联系的关键阶段，通过在社区内结合景观配置或种植活动来设置室内外自然教育场所，为儿童提供植物种植体验、植物培育知识培训、科普课堂、自然知识探索和扩展等多种多样的自然教育活动，在亲近自然、认识自然、改造自然的过程中寓教于乐（图 4-8）。

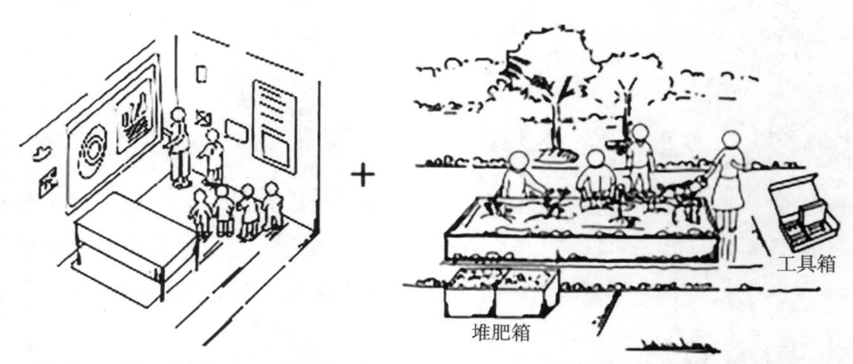

图 4-8　社区自然教育场所设置实现室内自然教育活动与室外参与式种植活动相结合

案例 4-25 上海市杨浦区“创智农园”自然教育实践场地

“创智农园”位于上海市杨浦区创智天地园区，是一个集室内自然知识科普功能和室外花园种植功能于一体的多功能社区花园。

社区花园的室内空间作为设施服务区，由集装箱改建而成，通过举办学术沙龙、自然教育等活动，让儿童学习与了解自然，促进自然教育培训和交流。室外场地由公共活动区、互动园艺区、朴门花园区、公共活动区和一米菜园区组成，设置有垃圾分类箱、螺旋花园、橡胶圈等可循环设施，儿童在室外可以参与和体验多样化的农园种植活动，也可以在自主创作的“欢乐游乐场”中开展游戏活动。室内与室外结合的自然教育场所有效地引导儿童亲近与感知自然，提升自然教育效果。

案例资料来源：谢宛芸，刘悦来．儿童友好视角下上海社区花园参与式营造实践 [J]. 景观设计，2022（1）：14-19

上海市杨浦区“创智农园”中儿童参与自然教育实践活动

（1）在社区景观设计或改造的过程中加入儿童参与式设计的环节。在设计前，带领儿童了解社区的自然环境，增进其关注家园、保护自然的观念；在设计阶段，融入自然设计、自然教育、可持续理念等知识的讲授和沟通，帮助儿童在概念认知与现实体验之间建立起紧密联系。

案例 4-26 北京市魏公街口袋公园儿童参与式设计活动

魏公街口袋公园位于北京市海淀区紫竹院街道。在改造过程中，紫竹院街道延续其 2018 年在海淀实验小学发起的“小小规划师——规划有你更精彩”活动，探索“大手拉小手”的参与式规划设计。

在社工组织的参与和帮助下，通过“找朋友”“谁是设计师”“我们的队伍”等游戏设计与活动引导，建立平等与信任的团队关系。规划师和志愿者带领儿童对设计场地开展测绘并记录测绘结果，帮助儿童准确理解设计对象，建立起针对设计空间的尺度概念。组织儿童围绕“设计目标”与“功能需求”开展“头脑风暴”式讨论，并借助在地观察和公众访谈结果，形成设计需求清单。遴选简洁、关键、难度适中的设计图绘要素教授给儿童，使他们初步掌握专业的空间设计图示语言，如用圆形表征行道树的正投影、用长条表征方形长椅的顶视图、用齿状团表征灌木丛等。最终，形成个人设计与集体讨论相结合的方案。

案例资料来源：唐燕．儿童与空间：城市微空间的参与式设计 [J]. 人类居住，2021（1）：30-33

北京市魏公街口袋公园儿童参与式设计活动

图片来源：唐燕

（2）鼓励在社区中开辟种植区域，让儿童在亲身参与种植的过程中，认知自然循环，感受四季变化，增加长期观察与了解自然的机会。宜选择树叶随季节更替有颜色、形态变化，或是可开花结果的植物，增进儿童对于自然演替的认知。

案例 4-27　珠海市西城社区金山公园“童心旧物造乐园”活动

金山公园是西城社区及周边地区儿童主要的户外活动空间。在金山公园改造过程中，通过开展丰富的儿童友好参与式活动，让儿童与家长对设计方案和规划实施提出相关建议。

珠海市西城社区金山公园“童心旧物造乐园”活动

图片来源：中山大学中国区域协调发展与乡村建设研究院

在“童心旧物造乐园”活动中，儿童利用旧 PVC 水管种植盆栽，并发挥创意进行装饰，对金山公园进行美化。儿童与家长分为 4 组，分别在 4 位规划师的引导下领取材料并进行正式创作，包括在旧水管中填上营养土，种上种子、植物小苗和蔬菜等。种植结束后，儿童用颜料和贴纸等对水管进行装饰设计，最后把作品搬到草坪附近的绿化旁。彩绘 PVC 水管盆栽聚集在一起形成亲子种植园，为金山公园增添了趣味。

案例资料来源：金山区少年儿童友好．童心旧物造乐园——金湾区金山公园少年儿童友好公众参与活动 [EB/OL]. [2022-12-26]. https://mp.weixin.qq.com/s/Xeewd66q_bckGBQVzD-fRQ

案例 4-28　南宁市聚宝苑小区儿童参与可食花园营建

在南宁市官塘便民商业街附近的聚宝苑小区，围绕小区中心花园的闲置空地，高校、专业设计师、小小志愿者、居民和周边商户等多元社会力量共同参与，经历 3 个月时间，将闲置空地一点点变成了有活力的社区花园，包括孩子乐于探索的风车花园、废弃物再利用的旅行花园，以及“好吃又好看”的可食花园等。

在可食花园的营建过程中，老师运用朴门永续的理论和丰富的营建经验，带领大家打造出高颜值又实用的可食地景。老师带领家长和儿童亲自动手搭建、播种锁孔花园；鼓励儿童在自由涂绘的同时学会用厨余垃圾堆肥，建造手绘蚯蚓塔；带领儿童在呼吸新鲜空气的自然情境中共同搭建螺旋香草塔等。

案例资料来源：四叶草堂．可食花园第二期 | 螺旋香草塔，独特的景观 [EB/OL]. [2022-12-26]. https://mp.weixin.qq.com/s/2ZvJRksfquJKRaUpQ7GZXA

南宁市聚宝苑小区儿童参与可食花园营建活动

图片来源：四叶草堂

（3）鼓励社区与周边学校、儿童教育机构等合作，利用社区内的自然景观、动植物资源或种植园地等作为自然教育基地，来组织长期持续的实地教学，如植物辨识、播种、栽培、写生、手工制作等多种形式的科普讲座与参与式体验活动。

案例 4-29　北京市清河街道智学苑社区开展“社区里的自然教育课”

为了提升社区内一片闲置空地的种植环境，智学苑社区两委、清华大学“新清河实验”课题组、清河街道社区规划师团队、北京市海淀区社区提升与社会工作发展中心、自然之友·盖娅设计工作室等，组织社区居民、西二旗小学师生共同参与生态共植园方案共识会，并组织了一系列自然教育课程，普及种植知识。

在第一期工作坊中，参与者共同学习，通过裁切木料、组装种植箱、运用厨余垃圾堆肥改良土壤、种植少量蜜源植物、修整道路等活动，为社区花园种植打下基础，减轻后续维护作业的工作量。在第二期工作坊中，参与者共同制作中心小舞台、园区休闲座椅和昆虫旅馆等。通过生态共植园的营造活动，儿童不仅学习了农作物种植的相关知识和技术，还体验到了农耕实践带来的乐趣。

案例资料来源：社区提升与社会工作发展中心．社区规划 | 智学苑社区生态共植园营造工作（二）[EB/OL]. [2022-12-26]. https://mp.weixin.qq.com/s/gX0Mja6id2EFcK7TNs8

北京市智学苑社区生态共植园营造活动
图片来源：“新清河实验”课题组

4.3.5　策略四：塑造生态可持续的社区景观

社区景观设计应尽可能遵循本土性、自然性的原则，在低造价、可持续的基础上，充分利用地方性物种和社区既有资源，营造富有本地特色的景观空间（图 4-9）。

（1）社区景观营造尽可能就地取材，充分利用场地内原有的地形、物种和资源，对废旧木材、物料、回收物品等进行再利用，如废木料改造为花箱，旧轮胎改造为攀爬架、秋千、障碍跑道等游戏设施，原木树桩作为桌椅等，引导儿童形成健康的自然观。

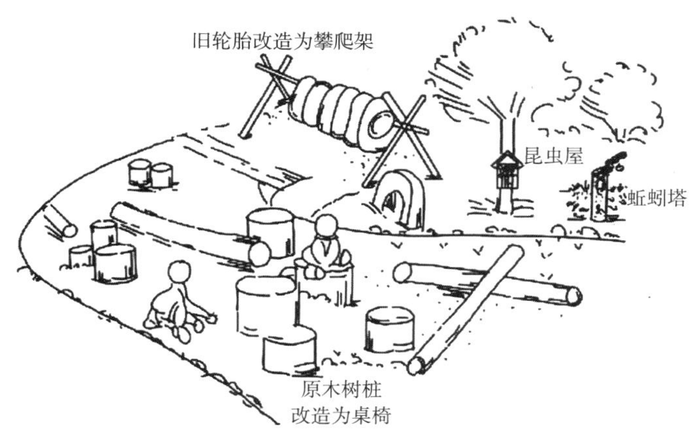

图 4-9 生态可持续社区景观的设计措施

案例 4-30 遵义市中关村儿童乐园

中关村儿童乐园位于贵州北部山区，场地原为废弃烤烟房拆除后的空地。空间设计中重点考虑应对乡村儿童活动的需求，材料和施工注重低成本、低技术建设，并纳入儿童环境教育的内容。

设计方案利用原有地形高差划分出四级台地，放置环形栈道形成独立交通，并串联场地内的游乐设施。同时，设计中留出大量的空白，鼓励村民利用废物、旧料等参与建设，儿童在水泥上印下植物的叶子和自己的手掌、脚印、字迹等。

“资源回收中心”是用旧物与废料来营造儿童乐园的最好体现。其以红砖为基础，方钢为骨架，表皮采用竹跳板，材料易得且施工简单。建筑内可以收集玻璃、金属、纸张等常见材料。儿童在穿过建筑时能看到关于资源回收再利用的完整介绍，可以系统了解资源回收再利用的做法及其对乡村环境改善的意义。

案例资料来源：乡建院．设计师与村民一起建造了一座儿童乐园，把快乐还给山村的孩子 [EB/OL]. [2022-12-26]. https://mp.weixin.qq.com/s/FPPSljG_a230Z7H83hxysQ

遵义市中关村儿童乐园

图片来源：乡建院，九七华夏

（2）鼓励运用生态策略进行自然景观的营造，如用厨余垃圾、果皮肥料、残枝落叶等建造蚯蚓塔，增加土壤的肥力；以树枝、树叶、砖瓦、杂草等材料搭建昆虫栖息、繁衍与越冬的“昆虫旅馆”，帮助儿童观察、了解和保护各类生物物种，营造生态可持续的环境。

（3）社区景观营造应重视保护本地生物多样性，如植物种植宜优先选择低维护成本的本地原生植物，便于后期维护，同时增进儿童对本地植物的了解。此外，可以通过精心搭配不同花期、不同颜色的植物种类，营造出丰富多样、生机盎然的自然景象。

案例 4-31　北京市双榆树西里社区“众享荟花园”

“众享荟花园”设计模拟自然分类，建立系统性的自然景观，营造面向五感的趣味体验。

项目营造过程分为手作社区花园、绿色生活创建、绿色文明实践三大板块，涉及自然景观系统、水系统、能源系统、基础设施系统、垃圾管理系统五个主题，在有限空间内打造出“12+N”的休闲体验设施。“12”包括节水花园、雨水花园、可食花园、健康花园、昆虫屋、蚯蚓塔、堆肥箱、五感路、木桩休息区、砾石区、昆虫复眼、边界景墙等一系列有趣好玩的空间，“N”是指让社区儿童参与其中的无限种可能。

项目鼓励儿童参与到花园的建设管理中，提升儿童的组织力、责任心和创造力，让儿童成为社区治理的主力军。

案例资料来源：cityif. 儿童友好 005| 我身边的儿童友好空间第Ⅰ弹——秘密花园 [EB/OL]. [2022-12-26]. https://mp.weixin.qq.com/s/VsI2Nv519yXM_6rkjRFj7Q

北京市双榆树西里社区“众享荟花园”

4.4　多功能性

4.4.1　从功能复合到灵活转换

一个有吸引力的社区儿童活动空间往往是多功能的，为儿童游戏提供多种多样的兴奋点。这意味着空间内可以承载多种可能发生的活动，而不是单一的。这样不仅有利于社区内用地和空间资源的高效利用，而且通过不同活动群体的错时使用，使得空间全天都能充满人气和活力，提供激发更多交往和活动延伸的可能性。

真正意义上的多功能性，并非只是多样化的游戏内容，更意味着对儿童活动需求差异的人性化、精细化响应。意大利教育家玛利亚·蒙台梭利（Maria Montessori）把儿童发展主要划分为婴幼儿、学龄儿童和青少年三个阶段[15]，分别呈现不同的身心发展特征（表 4–1）。儿童身心发展的阶段性特征，带来其环境认知、游戏行为和空间需求的差异性与多样性。日本学者关于住区周围游戏场地的研究显示，5~12 岁的儿童对连续性空间的感知能力较差，空间设计时不必太考虑距离感，而 12~15 岁的儿童对距离的感受力较强，应考虑设立环游度高的设施[16]。此外，性别也是带来差异化的重要因素。有研究显示，女孩群体比男孩群体更少地使用运动场和其他游戏场所，更喜欢偏远隐蔽、不易被看到的位置；与同龄男孩相比，女孩倾向于在更小的范围内漫步，尤其依赖于住所附近的游乐场地[17]。不过，同时也应看到，儿童的发展并不是等速进行的[18]，这意味着不能仅凭年龄段对儿童游戏特征进行简单划分，而需要从根本上去认知和思考不同空间环境对儿童游戏形成的基础作用，以及对游戏行为发展的促进作用。

儿童身心发展的分阶段特征 **表 4–1**

阶段		身心发展特征
婴幼儿阶段（0~6 岁）	0~3 岁	心理胚胎期，没有有意识的思维活动，只能无意识地吸收一些外界的刺激
	3~6 岁	个性形成期，慢慢由无意识转化为有意识，记忆、理解和思维能力开始发展，各种心理活动之间产生联系
学龄儿童阶段（6~12 岁）		身体与心理相对平稳发展的时期
青少年阶段（12~18 岁）		身心经历巨大变化并走向成熟的时期

资料来源：蒙台梭利 . 儿童教育手册 [M]. 爱立方，译 . 北京：北京理工大学出版社，2015.

因此，社区儿童活动空间的设计应注重为儿童提供参与不同游戏活动的多种机会，兼顾不同年龄段、性别的儿童发展的生理与心理特点，以及儿童看护者等其他相关群体的活动需求。

4.4.2 策略一：注重全龄友好的功能配置

随着年龄的增加，儿童的活动需求与活动范围均会发生变化，儿童活动场地应考虑不同性别、不同年龄段儿童的需求，以及身心存在缺陷的特殊儿童的需求，提供功能复合的活动空间与配套设施。通过包容性与通用性的空间设计，在保证安全、没有干扰的

设置满足不同儿童需求的多功能活动区域

通过植物遮挡等设置安全的隐蔽空间

设置特殊儿童的活动空间与设施

图 4–10　全龄友好儿童活动空间的设计措施

前提下实现不同功能的适度兼容，激发儿童自由使用空间的潜力，同时促进不同儿童群体之间、儿童与家长等其他群体之间的互动（图 4–10）。

（1）根据儿童身心发育特点的差异，提供适合儿童不同活动量与难度的复合游戏空间与设施。避免大量集中设置功能单一、构造简单的设施，或全部是鼓励儿童进行积极、自发、创造性的复杂游戏的设施。通过两类设施的结合设置，实现功能的包容性与通用性。不过需要注意的是，不同功能的儿童活动空间进行并置时，应确保大龄儿童在快速移动、追逐中不会冲撞到低龄儿童。

在有一定规模和条件的社区中，可以设置满足不同儿童需求的相对独立的多个游戏空间，提供多样化的、难度分级的游戏设施和场地，供儿童自由选择。如婴幼儿活动区域可通过活泼的场地图案设计、简单的游戏设施，如秋千、滑梯等，强化行为引导和感知练习；学龄儿童活动区域可以布置攀爬设施等，鼓励其进行探索与发现，注重抽象思维和体能素质的训练。

案例 4–32　上海市杨浦区五角场镇翔殷路 491 弄“大象乐园”

杨浦区翔殷路 491 弄小区微更新中，将一处面积为 440m² 的小型绿地打造成了一个安全、健康又好玩的亲子乐园。因为方案总图犹如大象侧脸，取名“大象乐园”。

通过改造设计，为婴幼儿与学龄儿童设置了多样化的趣味设施，促进孩子们一起玩耍。婴幼儿活动区活泼的地面图案留待孩子们自己创造趣味的玩法；学龄儿童活动区则设置一连串不同关卡的游戏连廊，满足精力旺盛的孩子们完成更高难度冒险活动的需求。

案例资料来源：上海规划资源 . 社区微更新的上海实践（二）[EB/OL]. [2022–12–26]. https：//mp.weixin.qq.com/s/tsvRyaHdSjllgJiXFwJsFg

（2）儿童活动场地不仅仅都是开敞的、充满动态活动的，还可以考虑设置安全的独处场所或隐秘空间。例如通过设置洞穴、植物遮挡等方式，满足女孩、天生性格内向儿童临时起意的，关于独处、躲藏、秘密交流的需求。

（3）儿童活动场地应考虑面向不同健康状况儿童使用的通用性，颜色选择上照顾色盲、色弱的儿童，避免因颜色困扰导致设施误用的情况发生。有条件的情况下，设置供残障儿童玩耍的设施和场地，如靠背秋千等，并配置相应的使用说明。

案例 4-33 美国弗吉尼亚州“克莱门约特里游乐园”

“克莱门约特里游乐园”（Clemyjontri Park）不仅有许多有创意的设计，而且是专门为残障儿童设立的。乐园里所有设施都有额外的辅助工具，支持那些身体有缺陷的儿童能像正常儿童一样愉快地玩耍。

整个游戏区域都设置长椅，提供帐篷阴凉区域供调整休息，并采用饱和度高的色彩，提高视障儿童的使用便利性；自由秋千可以完全锁定，并允许设定最大摆动高度，让坐在轮椅上的儿童也能体验荡秋千的乐趣；特制旋转木马可以自由调节高度，以适应不同身体状况儿童的需要，并且木马上还有用于固定轮椅的特殊装置，特殊儿童可以获得与正常儿童同样的体验；彩虹屋区域特别增加了符号、盲文、图片、语言，便于不同健康状况的儿童学习色彩等。

案例资料来源：http：//www.friendsofclemy.com

4.4.3 策略二：应对多元需求的功能转换

儿童活动空间应考虑不同情境下的功能使用情况，可以根据儿童与成人的实际需求，在空间布局和使用时段上进行灵活弹性的组合、兼容与转换，也可以进行共享空间设计，促进儿童之间、儿童与成人之间的交流互动。

（1）鼓励通过设施的多功能设计实现空间的多样化使用，如休闲座椅同时可以作为儿童攀爬、跳跃的活动设施，同时满足儿童的游戏需求与监护人的看护需求；或是通过可升降、可折叠装置，实现阅读空间与展览空间、户外玩耍空间与露天舞台的功能转换。

（2）鼓励社区道路、闲置空间等可根据特殊活动需要进行临时转换，如通过限时封路、车速控制等方式，将支路、社区生活性街道转换为儿童可进行游戏活动的空间。

（3）鼓励建设社区服务综合体，提供将托育、儿童培训、育儿教育、亲子图书室、自习室等儿童相关服务与其他社区服务和活动有机整合的多功能空间，可通过家具组合、留白设计等措施，实现单一空间内功能转化和错峰使用（图 4-11），满足社区各类人群的需求。

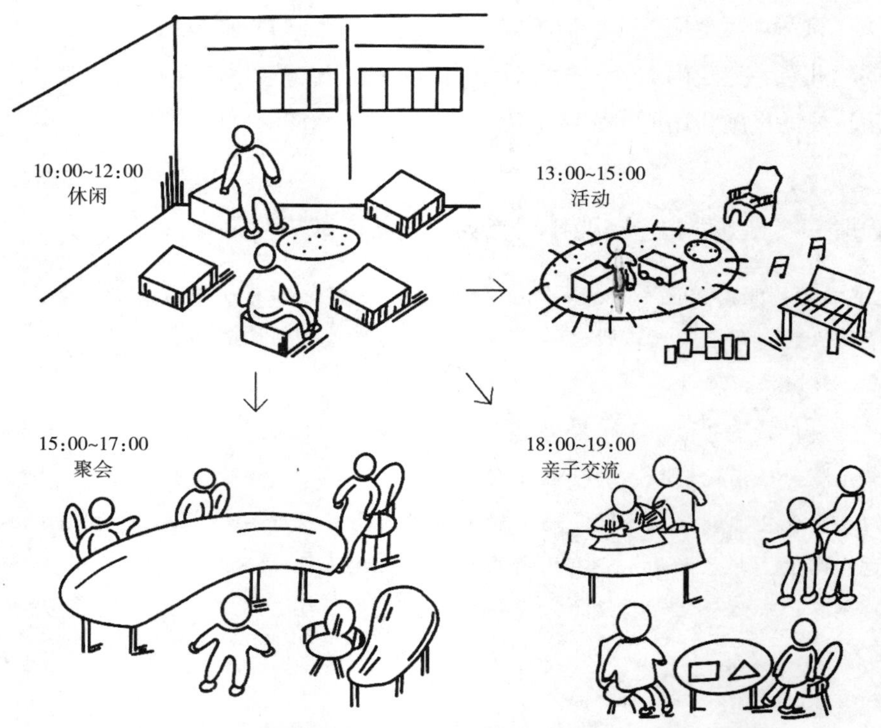

图 4-11　儿童活动空间可通过设施的灵活变化进行功能的临时转换

案例 4-34　北京市清河街道打造“清河生活馆”邻里生活中心

清河街道结合老旧小区改造工作，将毛纺北小区旁边的一处既有商业建筑改造为“清河生活馆”邻里生活中心，提供辐射周边步行 15 分钟范围的社区服务，同时还承担毛纺北社区办公、服务和活动的部分职能，实现资源的整合利用。

建筑基地形态为北宽南窄的三角形，地下 1 层，地上 3 层，总建筑面积约 4650m^2。内部划分为“乐—活—学—颐—赏”五大主题区，提供社区活动与文化展陈、社区办公与生活服务、社区教育与文化交流、社区养老服务、花园种植体验与城市景观赏析等功能，打造集成了公共服务、便民利民服务和志愿互助服务等的综合平台。

在生活馆室内空间的设计上，强调了“无边界”的空间模式。设计利用原有建筑框架结构的优势，最大化去除了分隔空间的墙体，使每一层的公共功能可以在一个大而有序的空间之中实现互动。将电梯、楼梯、卫生间、服务用房、设备用房整合到公共空间背侧，形成整体连续的服务界面，最大化确保公共空间开敞。通过不同活动空间的弹性共享，实现不同业态之间联动、不同人群之间交往的最大可能。

北京市清河街道“清河生活馆”邻里生活中心
图片来源：“新清河实验”课题组

案例 4-35 日本千叶县复合型社区育儿支援中心“希望之球”

“希望之球”（Qiball）位于日本千叶县中央第六区，距离地铁 JR 千叶站有 15 分钟的步行路程，地处中心功能区，周边分布了千叶市政府、美术馆、法庭等重要的区域功能设施。

“希望之球”将多种功能整合于一体，以儿童设施为中心进行多代多用的设计，尽可能让使用人群之间建立起多样化的联系。设施首层和二层是商业空间和餐厅，并与贯通的中庭连通；三至五层是千叶儿童交流中心，免费提供儿童课余时间学习和游戏空间，还可开展自然教育等活动，同时组织俱乐部活动帮助儿童参与设施管理和活动策划；六层为千叶市育儿支援中心，提供多种多样的育儿支援，包括互动的游乐空间、育儿咨询服务、托儿协调等，旨在全面周全地协助父母抚育子女；七至十层为科学馆；十一层为千叶市中央区政府；十二至十五层为中央区保健福祉中心，提供综合的健康和福利服务及咨询服务。

案例资料来源：沈瑶，朱红飞，刘梦寒，等．少子化、老龄化背景下日本城市收缩时代的规划对策研究 [J]. 国际城市规划，2020，35（2）：47-53

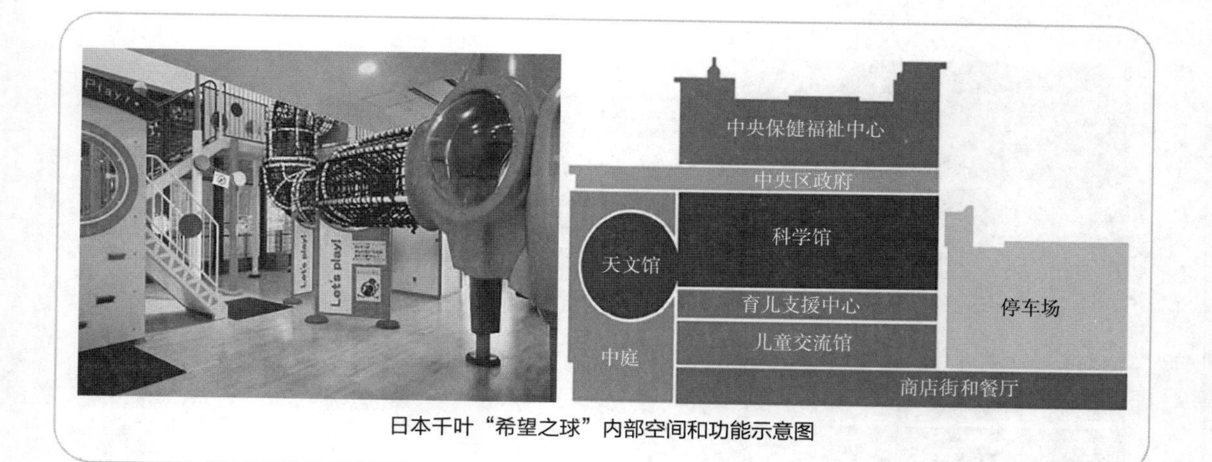

日本千叶“希望之球”内部空间和功能示意图

（4）儿童活动空间的设计很多时候要勇于留白，一个没有机动车穿行、平坦、开敞的活动场地足以激发各类群体的活动创造力，白天供婴幼儿和老人活动，放学后成为学龄儿童的乐园，晚上更是各类活动交织的场所。活动场地旁边宜提供遮阴处和休息座椅。

4.4.4 策略三：设置完善的辅助配套设施

社区儿童活动空间同时需要考虑儿童与监护人在活动之余进行休息、如厕、更衣、洗手等需求，配置相应的服务设施。

（1）在儿童活动区域应提供可供监护人休息和看护儿童的场所，设置坐凳、遮阳避雨设施。休息设施布置在儿童主要活动区域旁，避免发生冲撞、干扰，但也不宜太远，一旦有意外发生监护人能迅速上前提供保护，如 0~3 岁儿童游乐设施宜布置在直径 2m 的范围内，3~6 岁儿童游乐设施宜布置在直径 10m 的范围内。各活动区域与休息区域间应保持视野的连通性。

案例 4-36 日本丰洲“啦啦宝都”商业综合体

“啦啦宝都”（Lalaport）商业综合体是 2002 年实施的东京江东区丰洲重工造船厂遗址城市更新项目之一，注重塑造高开放度的滨海公共空间，保留原造船厂遗迹这一重要的“空间履历”载体，作为公共空间识别性的象征。

“啦啦宝都”内部包含新型儿童职业体验品牌“趣志家”（Kidzania），周边还配套了充足的育儿设施，吸引大量育儿家庭入住附近楼盘。外部空间通过整体景观设计描绘了海洋，起伏的地面象征着海浪，并在其上方放置了泡沫和珊瑚形状的白色长凳。虽然没有游乐设备，但是孩子可以在起伏的地面上不由自主地跑来跑去、愉快玩耍，家长在白色座凳上休憩的同时可以时刻看护游玩的儿童。

日本丰洲“啦啦宝都”商业综合体

（2）在较大规模的儿童活动场所应配置相应配套设施，如分别适于儿童和成人使用的洗手池、公厕等；在婴幼儿主要活动场所、幼儿园出入口附近等，还应考虑提供婴儿车的停放空间。

案例 4-37 洛阳市河风雅叙“Magic Bus 儿童乐园”

“Magic Bus 儿童乐园”作为中国首个以“汽车”为主题的全龄儿童乐园，集梦幻、萌趣、艺术、快乐于一体，深受儿童的喜爱。

儿童乐园分为主题游乐区、蘑菇屋与冒险岛三个功能分区。主题游乐区设置丰富的游戏互动装置，如四叶草造型小品装置、蹦床、秋千、蜂巢网、蜜蜂穿梭机、纽扣座椅游戏等，满足儿童不同的游戏需求；蘑菇屋配置有蘑菇屋造型小品、旋转滑梯、直通滑梯、爬网游戏、蹦床等游乐设施；冒险岛设置蜜蜂帐篷组合、跷跷板以及传声筒等安全的游戏设备，低龄儿童也可以在这里进行游戏活动。

儿童乐园中还设置了休息站、储物柜、婴儿车存放处等丰富的配套设施，满足儿童、家长等人群的需求。

案例资料来源：乐丘游乐．绿都中梁·河风雅叙 |Magic Bus 儿童乐园来啦！ [EB/OL]. [2022-12-26]. https://mp.weixin.qq.com/s/iz2jftbpXJbKk8uU9p5LCQ

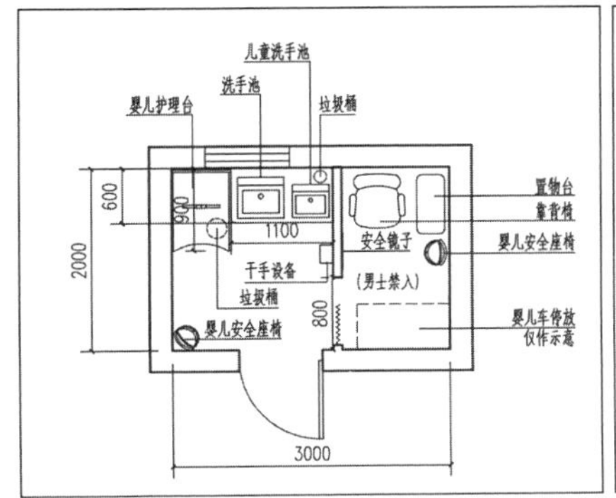

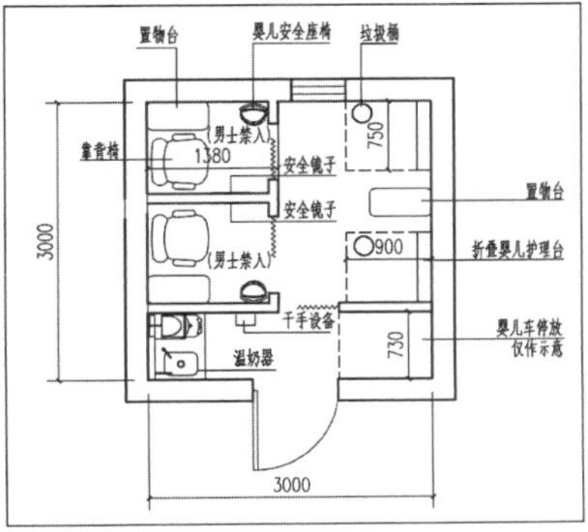

母婴室平面布置示例图

图片来源：《深圳市母婴室建设标准指引（试行）》

4.5 社会互动性

4.5.1 从亲子互动到社会交往

社会互动有利于儿童的成长发展与自我意识的完善。儿童成长过程的不同阶段中，不仅要满足其基本的发育需要，还需完成该阶段的发展任务，如获得父母关爱和社会互动[19]。心理学研究显示，儿童对他人的观察、与他人的互动过程能够促进其认知发展，个体在互动合作中常常比独自活动时更能处理更复杂、更抽象的问题。

社会互动是儿童与他人进行交流联系，并通过信息反馈进行自我调整的重要过程。儿童在与监护人、同龄人、社会的互动中，通过交流学习、内化等过程，逐渐形成满足社会发展需求的行为方式。具有良好社会互动性的社区，能为儿童提供“半熟人”性质的社会环境，成为他们在实践中学习和练习社会交往能力的“第一课堂”，为后续真正步入社会、融入社会奠定基础。

此外，社会互动性还是儿童自我概念发展的根本动力。自我概念通过对经验的理解而形成自我知觉，源于人际互动、自我属性和对社会环境的经验体验，具有多维性、组织性、稳定性、发展性和可评价性等特征[20]。良好的社区互动氛围，能帮助儿童在一种积极向上的环境中逐步培育正确的自我意识，建构自我认同，增强自信心和自尊心，为孩子未来获得幸福和成功奠定重要的心理基础。

不同阶段的儿童所开展社会互动的对象和程度具有差异性。在婴幼儿时期，儿童容易对父母或其他照料者产生依恋，亲子关系的亲密程度对婴幼儿成长影响很大，温暖亲密的互动有利于他们建立起对监护人的信任感，并促进之后社会化的发展；在学龄儿童阶段，孩子对其他儿童更感兴趣，同伴团体的影响力增强，与同龄人的互动有利于儿童完整认知、健康情绪和社会技能的发展；在青少年阶段，真实复杂的社会互动变得更为重要，这一时期的青少年更加渴望独立与获得尊重，往往也容易出现冒险倾向和作出不理性判断，需要成年人进行正确引导，帮助其形成健康、成熟的三观。

由此，体现在社区空间设计和活动组织上，需要针对不同阶段儿童交往互动的特定需求，进行差异化的响应。对于婴幼儿，重点注意提高亲子间的有效互动，设计鼓励婴幼儿与父母共同参与的游戏设施和活动；对于学龄儿童，空间设计上要重视同伴间互动交往的需要，提供鼓励不同性别、年龄、兴趣爱好的儿童互相接触与交往的场地和设施；对于向成人阶段过渡的青少年，鼓励在社区中为他们提供独立接触社会的机会，面对实际问题或任务挑战，尝试通过沟通、协作等方式探索解决并承担责任。例如，通过组织社区议事会、社区志愿活动等，鼓励青少年积极参加社区公共事务，在与社会的真实互动中，体验责任感、成就感和挫败感，不断审视和完善自我。

4.5.2 策略一：通过空间设计增强互动

在活动空间设计中需要考虑不同阶段儿童的互动交往需求，创造可以促进亲子、同龄、跨龄之间进行交流的机会，同时考虑儿童、监护人等不同群体对空间尺度、设施标准、活动形式等方面的差异化需求。

（1）面向婴幼儿，宜设计适合亲子共同进行游戏活动的场地与设施，如亲子秋千、滑梯等互动设施，并注意设施的尺度和承重能力，方便监护人照看儿童和共同参与游戏活动。

案例 4-38 苏州市新希望湖东未来城“星际主题儿童乐园”

新希望湖东未来城位于苏州湖东东西轴线上的核心区域。“星际主题儿童乐园”设计以“星际大冒险”作为故事线，把乐园划分为初入星际、星际探索、星际航站、时光穿梭四个板块，通过设置不同的星球主题激发儿童的想象力。乐园在满足多样化功能需求的同时，给儿童带来更多的探索，还能增加家长的参与度，促进亲子感情。

在星际航站中，儿童可以与家长一起乘坐球体中的滑梯到达地面，体验星际遨游，进一步增加儿童与家长的交流互动。乐园为儿童提供了一个游玩的场所，也为家长们设计了一个可以进行休闲健身的空间。

案例资料来源：苏州律动．宇宙是我幻想的未来 | 新希望湖东未来 · 星球主题儿童游乐场地 [EB/OL]. [2022-12-26]. https://mp.weixin.qq.com/s/9p492pAnSEue7UlgPOPm2w

（2）面向学龄儿童的活动空间，应考虑儿童进行奔跑、追逐、跳跃等剧烈活动的可能性，空间尽量开敞、无障碍，营造利于他们玩耍、互动的安全空间。例如，有特殊的地形起伏设计，应相对集中并做柔性防跌撞处理，采用颜色、标识等进行提示，避免冲撞、磕碰等潜在风险。

（3）将婴幼儿和学龄儿童活动场地邻近布置，可以增进跨龄儿童的交往互动，但两类场地之间应保持相对清晰的分隔，避免相互干扰或冲撞的发生。

案例 4-39 德国汉堡“公牛山”儿童游乐场

“公牛山”儿童游乐场在德国汉堡的花卉植物公园（Planten un Blomen）内，因场地内最具有代表性的人工假山“公牛山”而得名。公园内部步行道将场地分为相邻的两个区域，北侧主要为 3 岁以下儿童游戏区和休闲野餐区，南侧则是 3 岁以上儿童活动区及附带的休息连廊。场地布局让不同年龄段与不同身体能力的儿童都能找到适合自己的游戏器具，并避免儿童之间的相互干扰和在玩耍中发生力量悬殊的身体冲撞带来的风险。

在3岁以下儿童游戏区，设有色彩缤纷的游戏屋、跷跷板和攀岩设备以及沙子等，满足幼儿的玩耍需求。隔壁的休闲野餐区，则提供休息设施和有趣的木制“动物”供儿童坐下和攀爬，儿童可以享受短暂的休息，享用自己带来的小吃或从售货亭购买的食物。此外，除了设有带急救的厕所和婴儿更衣室外，还有游乐场监督员，有效地保护儿童的安全。在3岁以上儿童活动区，儿童可以在“公牛山”上玩不同长度和高度的滑梯，或者使用摇摆平衡、攀爬、滑梯等游戏设施，在玩耍互动中锻炼身体的协调性与平衡感。

案例资料来源：https：//www.hamburg.de/spielplaetze/3909896/planten-un-blomen

（4）鼓励在公共空间中引入参与式设施，可以结合新技术设计符合儿童尺度的互动协作装置，如景观互动装置、AR儿童体验馆、无动力设施等，在游戏中促进儿童多感官的体验，也可以鼓励采取多人合作的游戏方式，增进同伴间合作互动的机会。

案例 4-40　成都市麓湖“云朵乐园”

成都市麓湖“云朵乐园”位于滨水带，设计师结合地域特色和装置设计，打造了一个儿童与自然互动的“水体验馆”乐园。

广场上设置利用互动装置激发的旱喷，儿童可以在喷泉广场中戏水玩耍，即使在喷泉没有打开的情况下，也可以骑上互动装置，用脚踩即可打开喷泉。喷出的水汇聚在广场中央后顺地形流下，自然地形成一条蜿蜒曲折的小溪，有助于增强儿童对自然的了解和互动。溪流在山脚下平坦处汇集成一个浅浅的小池塘，儿童可以安全地进入玩耍。水池中有七个小涌泉，各自对应的触控开关集中设置在一个大石台上，可以由儿童自己控制涌泉的开和关。这些参与式设施不仅增强了儿童与自然的互动性，还有助于增加不同儿童之间、儿童与家庭成员之间的互动。

案例资料来源：张唐景观．张唐作品 | 成都麓湖·云朵乐园 [EB/OL]. [2022-12-26]. https：//mp.weixin.qq.com/s/5Q74fNvgj7Hb-JOM3vkSog

成都市麓湖“云朵乐园”

4.5.3 策略二：鼓励参与式活动促进交往

通过组织儿童参与式设计、协商议事、共同营建等活动，鼓励儿童在参与活动空间或设施的设计、建设与维护的过程中表达想法、发表观点，并与不同的参与者进行交流沟通，促使儿童真正参与到社区公共事务中（图 4–12）。

图 4–12 促进儿童交往的参与式活动方法

（1）鼓励社区与高校团队、志愿者、社会组织等进行合作，将社区自身资源和特色优势与外部团队专业特长相结合，在社区内开展系列主题亲子活动，如儿童活动空间参与式设计、传统文化节庆体验、跳蚤市集等，激发儿童和家长参与的积极性，促进亲子家庭间的交往互动。

案例 4–41 上海市新华社区“发现身边的新华亲子市集”

在社区文化中心的支持下，新华社区开展了“发现新华”孩子暑期系列活动。在“发现身边的新华亲子市集”活动中，儿童亲身体验了劳动的价值，同时促进了参与者之间的交流互动。

活动组织方与相关支持方提前准备好各个摊位的场地布置，并且全程为亲子市集提供服务保障。市集设置了 15 个摊位，每个摊位上都有 2~3 名摊主。活动从下午 3 点开始，一直持续到晚上 8 点，超过上百人参与了本次活动。在市集活动现场，有好看的、好吃的、好玩的、好用的，各种儿童玩具、图书文具、手工艺术等丰富多样的商品，还有此起彼伏的童声叫卖，吸引着参加市集的小朋友。在市集交易的过程中，儿童作为小摊主亲自体验劳动的价值和挣钱的辛苦，同时也培养了财商思维和社会交往能力。

案例资料来源：大鱼营造．发现新华 | 共创暑假的 N+1 种打开方式 [EB/OL]. [2022–12–26]. https://mp.weixin.qq.com/s/ctgjQayAiZcVHpCO7iDBhA

上海市新华社区“新华亲子市集”
图片来源：大鱼营造

（2）鼓励用低成本、富有创意的形式组织开展社区儿童活动，如发动儿童自己绘制迷宫、制作沙包，利用社区的一小片空地就可以自创多种游戏活动；或以玩具、书籍分享的形式促进儿童之间的互助共享。

案例 4-42　北京市 BOBO 自由城“创意地绘”活动

2021 年年初，北京城市副中心责任双师团队结合“新芽计划”，发动居民共建“新芽之儿童友好微花园”，以公众参与营造的模式推进居住小区公共空间小微更新。

责任规划师与居委会共同举办了 BOBO 自由城社区微更新工作坊，通过“创意地绘”活动推进社区参与式营造。地绘的玩法丰富多样，通过跳房子、小脚丫、扭扭乐等孩子们喜欢的小游戏，孩子们可以自己创造游戏玩法，激发想象力。“创意地绘”中还融入了立定跳远、羽毛球场地、篮球运球等运动元素，满足多种多样的运动需求。活动增强了儿童与儿童、儿童与大人之间的交流沟通，促进了邻里关系，让更多的居民愿意参与到社区建设中来。

案例资料来源：通州融媒．小通·小州 | 新芽计划进行时！责任双师推进社区参与式更新，共建儿童友好家园 [EB/OL]. [2022-12-26]. https://mp.weixin.qq.com/s/P8sVqa4a0kX6aG2P2YrUXg

（3）鼓励儿童在活动结束后共同参与空间的清理和维护工作，并与其他居民、志愿者交流活动体验，了解各方的感受和建议，实现真正意义上的全流程互动。

案例 4-43　成都市万兴移民安置区石景湾图书屋建设

石景湾小区通过社区开放日的形式，了解居民对石景湾家园图书屋的意见和想法，并在小区内招募适龄儿童参与到图书屋的前期设计中，促进儿童与成人参与社区互动。

由专业设计师将儿童参与式设计形成的多个方案，进行润色修饰，产出图书屋系列设计方案。先后通过联席会议、社区意见征集活动，进一步了解社区居民对图书屋的建议，完善图书屋最终设计方案，并进行施工打造。在石景湾图书屋打造期间，为了吸引更多居民关注图书屋，社区利用微信公众号发布书目征集活动，吸引居民通过微信接龙参与到图书屋建设中来。

在图书屋建设完成后，专业社工组织发起首期书屋清扫活动，邀请儿童委员会成员与社工一起进行图书屋清扫。社区陆续开展跳蚤市场、石景湾家园图书屋线下故事会、家园图书屋公约制定、家园图书屋空间点缀、家园图书屋空间墙绘、家园图书屋图书雷达等活动，引导儿童讨论形成石景湾图书屋的公约。

成都市万兴移民安置区石景湾图书屋建设

4.5.4 策略三：培育责任感和职业意识

社区是儿童责任意识培养与职业意识教育的重要场所，通过主题培训、职业体验等活动，为他们提供体验社会、丰富阅历的机会，帮助儿童在真实互动中了解社会，帮助青少年在进入社会之后能更好地融入社会。

（1）通过发掘和利用社区内部及周边的各种资源，如结合商铺、图书室作为实习场所，利用重要文化遗产、景点进行知识分享，围绕社区重要公共议题展开议事协商，提供小小收银员、图书管理员、小导游、社区议事员等相关培训和职业体验，为儿童提供真实接触与体验社会的各种机会。

案例 4-44　河北固安“小小讲解员”

在致力于打造国际儿童友好城市的过程中，固安在儿童教育方面，除了优化常规的学校教育之外，还提供多个免费的常态化运行场所，包括小孔雀训练营、小孔雀夏令营等。

为保障社区孩子的健康发展，固安幸福志愿服务会依托产业新城幸福荟等载体，从2017年9月开始，引进飞虎安全训练营，围绕16个主题，每月开展一期活动，培养儿童的消防安全意识。另外，以固安规划馆、文博馆等为依托打造儿童友好实践基地。例如在固安规划馆开展“小小讲解员”的活动，以讲解的形式培养儿童的语言表达能力并进行人文教育。不仅丰富了儿童的暑期生活，而且让儿童在闲暇时间增长知识，锻炼口语表达能力。

资料来源：固安产业新城 . 2018 固安 OPEN DAY| 第三天，走进固安规划馆，点赞小小讲解员！ [EB/OL]. [2022-12-26]. https：//mp.weixin.qq.com/s/WsgqgJJsXCTKSgSSZwUXYQ

案例 4-45　日本柏叶新城“匹诺曹”儿童体验项目

在柏叶新城，社区定期推出的“匹诺曹”项目是专门面向儿童、以职业体验为主要参与形式的活动，包含社区农场专供的“匹诺曹食堂”、孩子们的表演场地“匹诺曹舞台”，以及孩子们自己动手涂鸦的“匹诺曹镇设计”等，旨在促进儿童真正全方位的成长与发展。

项目以“孩子放在街上抚养”为理念，把筑波快线、柏叶校区车站周边地区当作舞台。参与对象是小学生，参加费用为300日元，孩子每次的工作时间约为1小时。在活动中，孩子们出现在当地蔬菜店、花店、面包店、咖啡店、杂货店、服装店、超市、银行等几十个店铺中。工作结束后，店铺以支付虚拟货币的形式为孩子支付工资，货币可以用来在部分店铺中换取商品。

案例资料来源：UDCK. ピノキオプロジェクト [EB/OL]. [2022-12-26]. https：//www.udck.jp/community/002986.html

（2）在社区里提供职业意识辅导服务，开展相关素质和技能培训，初步培养青少年的职业规划意识。

案例 4-46　南京市翠竹园社区“儿童生涯规划工作坊”

南京市雨花台区翠竹园社区多年来和贵州黔东南从江县高芒村组织两地儿童交流活动。在贵州儿童来南京期间，组织儿童开展生涯规划工作坊，让儿童们围绕“价值观”一词进行讨论，建立相互连接，发现自身长处。每个小组讨论在自己的生活学习中遇到的困难，制定计划，用情景剧表演出来。最后畅想未来的愿景，阐述从今天的工作坊学习到什么，自己要做什么，承诺我想成为什么样的人，我要在什么时间完成什么事。通过工作坊能够激发每个儿童对未来的期待，树立信心，更好地面对挑战。

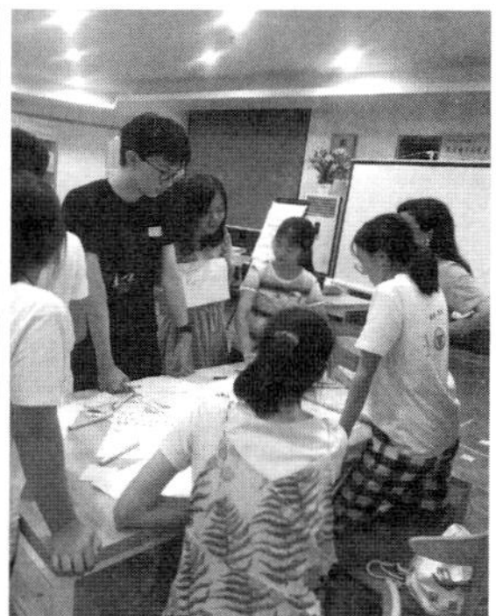

南京市翠竹园社区“儿童生涯规划工作坊”

案例 4-47　长沙市丰泉古井社区“儿童友好店铺”

2021 年，湖南大学儿童友好城市研究室牵头，丰泉古井社区多个店铺共同参与了“儿童友好店铺”项目。在多种社会力量的帮助下，“儿童友好店铺”目前形成了保障社区儿童安全、为儿童提供服务、为儿童提供活动场地的三大功能服务体系。

在项目进行过程中，设计师通过对儿童进行访谈，初步确定店铺的服务功能，并采取与店主共同协商的方式，进一步完善店铺儿童友好功能与服务的种类。一方面，“儿童友好店铺”作为社区监护眼与保卫者，在保障儿童安全的同时也为儿童提供多种援助，如及时解决店铺门口安全隐患、为口渴的孩子提供一杯水、为寻找父母的孩子提供手机等服务；另一方面，“儿童友好店铺”需要具备参与活动举办及场地提供等多重功能。

此外，在项目推动下，店铺还与儿童共同制订公约，如儿童可以步入店铺参观学习，但同时也要遵守公众场合的相关纪律要求。“儿童友好店铺”在提供服务的同时增强了社区与儿童的紧密联系，帮助儿童建立社区主人翁意识与工作服务意识，培养儿童的学习能力。在儿童与店铺的互动中，激发了场所活力，进一步营造丰泉古井儿童友好社区的良好氛围。

长沙市丰泉古井社区“儿童友好店铺”功能服务图鉴与“提供一杯水”服务实施情况

4.6 激发自主性

4.6.1 从自主掌控到自我实现

自主性主要指儿童拥有在空间环境中独立、自由、自主地选择与支配自己活动行为的权利，并且在不依赖他人的情况下有自己的想法与主张，能够做出有效合理的判断与行动。在这个过程中，儿童可以自主地发现问题、解决问题，充分挖掘自身的潜力，提高自己生活的能力，建立自尊心与自信心，促进其自我价值的实现。

自主性的价值目标，是追求自我实现这一人类最高级的需求，即通过努力，发挥自己的潜力，使得解决问题的能力增强、自觉性提高，更善于独立处理事情。激发自主性对于儿童尤为重要。儿童的成长，不仅体现为生理的发育，更是不断社会化和心智成熟的过程，其中的核心就是自我概念的健康发展，来自儿童对自己身心的认知与评价，能否自主独立地做与自己能力相称甚至具有挑战性的事情。在成长过程中，如果儿童独立自主的能力未得到很好的发展，认知和利用外部资源、判断与克服各种危险环境的能力可能受到限制，自尊心与自信心受到影响，自我价值感与自我功效感削弱，从而影响其成长经验的积累[21]。

社区在培育儿童自主性上承担着极其重要的作用，主要体现在以下两个方面：

一是提升儿童在社区的独立活动性。儿童独立活动性是激发其自主性的重要基础，这一概念由迈耶·希尔曼（Mayer Hillman）等学者提出，指儿童在没有成人的陪同下，在家庭之外的地方在抵达目的地的过程中进行主动交通（如步行和骑车）和参与户外游戏的自由[22]。概念后来延伸为指未满 18 岁的儿童在没有成人陪伴的情况下在公共空间活动的自由程度[23]。相关研究表明，儿童独立活动性下降会影响其身体和精神的健康状况[24-25]。在日常生活中，儿童独立活动性水平下降的主要原因是儿童及监护人对交通安全（如儿童被撞倒）和陌生人威胁（如儿童被非家庭成员诱拐）等风险的担忧[26]。

以上反映在社区空间设计中，应重视建设安全的步行路径、活动区域、儿童设施，在平衡父母看护需求与儿童独立自主性需求的基础上，通过环境营造保障儿童拥有独立活动的权利，鼓励与引导儿童自主思考，设计活动行为并独立完成，提升自主行动意识与能力，满足更高层次的发展需求。

二是提供以儿童为主体的多种参与机会。参与是提升儿童独立自主性的重要方式。根据美国学者罗杰·哈特（Roger A. Hart）的“儿童参与阶梯”理论，儿童的参与性分为非参与、成人主导的实质参与和幼儿主导的实质参与三个层级，越接近“参与阶梯”的顶端，儿童的主导性越强，并能够与成人分享决策权[27]。社区是儿童日常生活的最重要载体，儿童对社区生活环境具有丰富和独特的认知与体验，对社区规划与建设也应享有重要的发言权，这些不能、也不可能简单地由成年人实现全部代言。

因此，社区空间设计与建设，特别是那些以儿童为活动主体的空间，需要充分吸纳儿童参与，尽可能地发挥儿童的主体意识与主观能动性，真正地实现较高层次的参与。具体可通过开展参与式设计工作坊等形式，让儿童参与到活动空间的提案、设计、建设与运维全过程中，体验亲身参与的乐趣；儿童也可利用空间中各种物体来创造满足自身活动需求的环境，如建设“冒险性游戏场地”等。通过儿童自己参与设计和创造游戏场地，在进行探索与挑战的过程中，激发他们的潜能，提升他们的创造力。

4.6.2 策略一：营造提升自主力的成长环境

营造安全、自由的空间环境是培育儿童自主性的基础保障，在风险可控的环境氛围中儿童可以进行自主的游戏行为，有效地刺激身体的运动潜能与各部分协调发展。通过在交通路径、活动区域、设施布置等设计中融入激发儿童自主性的考量，提供儿童能独立自主的成长环境，促进儿童自主地完成各项活动（图 4-13）。

（1）鼓励社区联动周边学校共同设计“儿童出行路径”，布置上下学路径指示牌，形成易辨识的标识系统，在关键路口提醒车辆注意儿童，保障儿童可以安全地独立上下学。

（2）合理规划和有效引导儿童主要服务设施、活动场地、便民商业点等毗邻主要住宅区集中设置，打造儿童友好社区生活圈，形成规模适宜的熟人邻里和便捷可达的生活单元。儿童可以在安全地理范围内独自完成自己想做的事情（如买文具、零食）与力所能及的家务事（如买酱油、取快递），培育其独立生活的能力。

图 4-13　营造儿童能安全自主活动的社区空间

案例 4-48　广州市白云区黄石街“冰棒挑战”活动

“冰棒挑战”活动由白云区社区设计师工作办公室、广州市城市规划勘测设计研究院白云分院党支部、黄石街道办事处等共同举办，旨在测度分析社区儿童能够独立自由活动的范围和安全程度，以及 15 分钟社区生活圈的服务能力，让儿童和社区设计师共同发现并提出社区的优缺点，为下一步社区综合环境品质的改造提升提供依据。

挑战开始后，小朋友从家楼下或社区门口出发，每名儿童都有一名社区设计师作为观察员在其身后跟踪观察，并为他们提供购买雪糕的 10 元现金和目的地照片。随后，小朋友自由选择路径前进，到达照片描述的小卖部自行购买雪糕，然后拿回出发地交给观察员，观察员对雪糕进行拍照，记录雪糕的融化程度和完成挑战的总时间。

案例资料来源：广州日报客户端．一个儿童从便利店买雪糕回家，雪糕融了多少？“冰棒挑战”检测社区服务 [EB/OL]. [2022-12-26]. https：//www.gzdaily.cn/amucsite/web/index.html#/detail/1628651

案例 4-49　日本千叶县“迷你佐仓”

千叶县“迷你佐仓”（ミニさくら）诞生于佐仓市中志津的购物街，是每年会举办一次的商业活动，这里也是儿童玩耍的地方。自 2002 年以来，“迷你佐仓”一直以德国的“迷你慕尼黑”活动为蓝本，目标是培养能够独立思考、决策和行动的人。“迷你樱花”摆满了餐厅、百货商店、邮局、广播局、天文馆等各种展位，在这里儿童可以选择自己喜欢的工作，根据工作时间在银行领取工资，用来购物和吃饭等。儿童决定街道的规则，考虑开设什么样的展位，作为儿童工作人员参加“街头会议”，讨论和制作食品，这其中有成人支持者的支持，但基本上禁止成人干涉。据说如果违反规则，可能会被警察“逮捕”。

经营“迷你佐仓”的非营利组织由 20~60 岁不同年龄段的群体组成，同时在购物街的一角设有咖啡馆，是老年人和刚搬到佐仓市的育儿一代聚集的交流场所。“迷你佐仓”为儿童提供了一个安全、独立的场所空间，并在活动中培养了儿童的自主成长意识。

案例资料来源：Sakulike サクライク . 子どもが主役のまち「ミニさくら」って知ってる？ NPO 子どものまちが取り組む子育て支援 [EB/OL]. [2022-12-26]. https：//sakulike.city.sakura.lg.jp/raise/400/

（3）在社区的重要活动场所或节点处提供相应的儿童配套服务设施，如母婴室、儿童厕所、儿童洗手池等。让低龄儿童可以在外独自如厕，不必成人全程陪同，提高儿童在外的生活自理能力，因为如厕训练是儿童走向自主和自控的重要一步。

4.6.3 策略二：提供培育创造力的游乐空间

有创造力的游乐空间可以满足儿童丰富的想象力和好奇心，让儿童在游戏中有更多自主想象的成长空间，激发其进行活动设计，在不断的尝试与错误中努力解决问题，学会评估、管理以及规避风险，建立复原力、适应力与自信心。在社区中可以设计有一定挑战性的游戏设施，提高儿童面对问题的应变能力和解决能力；或对空间进行留白，开放式的设计可以激发儿童的想象力和创造力（图 4-14）。

设计开放式的游戏设施

场地设计适当留白

图 4-14 培育儿童创造力的游乐空间设计措施

（1）鼓励利用场地原有的地形地貌，设置台阶、洞穴、滑道等不同微地形的游戏场地，并巧妙融入带有一定难度和挑战性的任务，让儿童在不断探索通行的过程中锻炼运动和思考能力。

（2）鼓励设计开放式的游乐设施，减少对设施玩耍方法的限制，让儿童可以在空间中发挥自己的想象，发明各种玩法而不局限于活动设施，提升儿童的探索与创造能力。

案例 4-50　日本川崎梦公园冒险游戏场

川崎梦公园（川崎市子ども夢パーク）在《川崎市儿童权利保护条例》的指导下开展建设，并于 2003 年对外开放，公园占地面积约 1 万 m^2，原址为工厂遗迹。

梦公园由儿童讨论基础方案并建立模型，之后交给专门的建筑师优化，并通过反复与孩子们讨论，形成最终方案并建设而成。

梦公园主体为冒险游戏场，同时配备全天候活动室、音乐室、母婴室、图书馆。梦公园由川崎市青少年儿童未来局管辖，由非营利组织和公益财团共同运营，每五年选定一届运营者，设立运营考察制度。

冒险游戏场地面为裸露土地，外围设有自行车道、农田、花圃，内部为自由玩耍空间，设有沙池和浅水坑，部分区域铺设简单的木栈道。儿童在游戏场内没有固定的游戏方式，场地内的所有游戏设施均由儿童在游戏导师的陪伴下共同动手制作，如滑梯、攀爬架、秋千等，大多数由木头和其他废旧材料制作，目的是帮助孩子充分发挥想象力、探索力与创造力。

案例资料来源：沈瑶，刘赛，赵苗萱．冒险游戏场的起源、实例与启示 [J]. 国际城市规划，2021，36（1）：30-39

日本川崎梦公园冒险游戏场中游戏设施

（3）场地设计可以适当留白，鼓励儿童自由发挥设计，激发其创造力，如利用泥土、沙子、木材等自主设计与建造游戏设施，或提供涂鸦墙面、地面等，供其进行绘画、临时创意等活动。

案例 4-51　日本羽根木游戏公园

羽根木游戏公园位于日本东京都世田谷区。公园在入口处设置了责任公牌，明确儿童在游戏前需要明白的责任安全事项。为了让儿童自由自在地游戏，园内配备了接受过“支持儿童们做想做的事情”培训的游戏导师。

游戏公园设计者利用场地高差，将管理用房设置在最高处，便于观察和保障游戏儿童的安全；打造流动的水渠，供儿童自由挖水或搭桥等活动；在靠近住宅区的一侧种植大树，且将部分安静的构造物设置在住宅区旁边，如儿童较少停留玩耍的仓库区、义卖小屋等。所有游戏设施均由儿童自行设计，并在工作人员的帮助下一起制作完成。所有构造物均采用废弃木头作为游戏材料。在游戏场内，儿童可以自由使用铲子、铁锹、锯等道具，以及火、土、水、木等自然工具，尽情地进行野餐、爬高、玩泥巴、玩水等游戏。

案例资料来源：沈瑶，刘赛，赵苗萱 . 冒险游戏场的起源、实例与启示 [J]. 国际城市规划，2021，36（1）：30-39

生火炉

自制小屋

义卖

日本羽根木游戏公园中儿童主要活动

本章参考文献

[1] 马斯洛 . 动机与人格 [M]. 许金声，等译 . 北京：华夏出版社，1987.

[2] BARKER R G，WRIGHT H F. The mid-west and its children[M]. New York：Row，Petersen & Company，1955：55.

[3] STEPHENS R. Children，play space and CPTED[C]. Paper of the 10th ICA Conference in Santiago（Chili）. Santiago，Chile，2005.

[4] 惠英，廖佳妹，张雪诺，等 . 基于行为活动模式的儿童友好型街道设计研究 [J]. 城市规划学刊，2021（6）：92-99.

[5] CHILD I L，HANSEN J A，HORNBECK F W. Age and sex differences in children's color preferences[R]. Child Development，1968：237-247.

[6] 皮亚杰 . 儿童心理学 [M]. 吴福元，译 . 北京：商务印书馆，1980.

[7] NICHOLSON S. How not to cheat children，the theory of loose parts[J]. Landscape Architecture，1971，62（1）：30-34.

[8] 凯勒特 . 生命的栖居：设计并理解人与自然的联系 [M]. 朱强，刘英，俞来雷，等译 . 北京：中国建筑工业出版社，2008.

[9] 马库斯，弗朗西斯 . 人性场所：城市开放空间设计导则 [M]. 俞孔坚，孙鹏，王志芳，等译 . 北京：中国建筑工业出版社，2001.

[10] TAYLOR A F，KUO F E，SULLIVAN W C. Coping with ADD：the surprising connection to green play settings[J]. Environment and behavior，2001，33（1）：54–77.

[11] LI D，LARSEN L，YANG YET，et al. Exposure to nature for children with autism spectrum disorder：benefits，caveats，and barriers[J]. Health & Place，2019，55：71–79.

[12] WOOLLEY H. Where do the children play? How policies can influence practice[J]. Municipal Engineer，2007，160（2）：89–95.

[13] 舒心怡，沈晓萌，周昕蕾，等 . 基于景观感知的自然教育环境设计策略与要素研究 [J]. 风景园林，2019，26（10）：48–53.

[14] 姜诚 . 自然教育也是公众参与教育——访联合国教科文组织社会学习和可持续发展主席阿尔杨・瓦尔斯 [J]. 环境教育，2015（12）：80–81.

[15] 蒙台梭利 . 儿童教育手册 [M]. 爱立方，译 . 北京：北京理工大学出版社，2015.

[16] 永田敬輔，渡辺仁史 . 遊園地における子供の行動特性と施設配置に関する研究 [C]. 日本建築学会大会学術講演梗概集（関東），1988：565–566.

[17] 谭玛丽，周方诚 . 适合儿童的公园与花园——儿童友好型公园的设计与研究 [J]. 中国园林，2008（9）：43–48.

[18] 陆士桢，魏兆伟，胡伟 . 中国儿童政策概论 [M]. 北京：社会科学文献出版社，2005.

[19] 帕帕拉，奥尔茨，费尔德曼 . 发展心理学 [M]. 李西营，冀巧玲，等译 . 北京：人民邮电出版社，2013.

[20] SHAVELSON R J，HUBNER J ，STANTON G C. Validation of construct interpretations[J]. Review of Educational Research，1976（46）：407–411.

[21] 格利森，西普 . 创建儿童友好型城市 [M]. 丁宇，译 . 北京：中国建筑工业出版社，2014.

[22] HILLMAN M，ADAMS J，WHITELEGG J. One false move：a study of children's independent mobility[R]. Policy Studies Institute，1990.

[23] TRANTER P，WHITELEGG J. Children's travel behaviours in Canberra：car–dependent lifestyles in a low–density city[J]. Journal of Transport Geography，1994，2（4）：265–273.

[24] LOUV R. Last child in the woods：saving our children from nature–deficit disorder[M]. Chapel Hill：Algonquin Books，2006.

[25] MALONE K. The bubble–wrap generation：children growing up in walled gardens[J]. Environmental Education Research，2007，13（4）：513–527.

[26] 威兹曼，陈烨，罗震东 . 促进儿童独立活动性的政策与实践 [J]. 国际城市规划，2008（5）：56–61.

[27] HART R A. Children's participation：from tokenism to citizenship[R]. Florence：UNICEF International Child Development Centre，1992.

第 5 章　参与：如何鼓励儿童参与社区设计？

5.1　理论基础

5.1.1　关于儿童参与

“儿童参与”来源于联合国《儿童权利公约》中“儿童参与权”的概念。该公约要求赋予儿童数十项权利，通常将之概括为儿童生存权、发展权、受保护权及参与权四大类。

该公约中对参与权的表述主要体现在第 12 和 13 款。第 12 款规定，“缔约国应确保有主见能力的儿童有权对影响到其本人的一切事项自由发表自己的意见，对儿童的意见应按照其年龄和成熟程度给以适当的看待”。第 13 款规定，“儿童应有自由发表言论的权利；此项权利应包括通过口头、书面或印刷、艺术形式或儿童所选择的任何其他媒介，寻求、接受和传递各种信息和思想的自由，而不论国界”。除此之外，儿童权利委员会通过的第 12 号一般性意见对儿童参与权有了更全面的解读。

《儿童权利公约》是迄今为止签署国最多的一个国际公约，是国际社会对儿童价值的尊重、对儿童权利保护的承诺，也是时代发展和文明的标志。四大类权利涵盖了儿童生存发展的方方面面，特别是儿童参与权的提出，标志着将儿童视为其自身发展的主动者，并重视和培养儿童对于民主社会的责任与能力。

儿童参与是儿童友好社区建设的关键因素，在儿童友好社区建设过程中应创造有利条件，畅通儿童意见表达的渠道，鼓励并支持儿童参与家庭、文化和社会生活，保障所有儿童都有权利在知情、自愿的前提下参与到儿童友好社区建设的各个事项中去。参与式设计作为儿童参与的重要方式，广泛运用于空间、活动、建造、评估等多个环节。

在儿童参与中应遵循以下基本原则：

（1）尊重儿童意见。儿童有权对影响到自身发展的事项发表自己的意见，在进行社会公共决策时需充分听取儿童的意见，实现儿童利益优先保障和最大化。

（2）鼓励儿童参与。将儿童作为一个有独特需求、能表达观点的行动主体来对待，创造有利于儿童参与的社会环境，鼓励儿童参与到儿童相关的事项。

（3）全过程参与机制。建立从儿童需求表达开始的全流程儿童参与机制，贯穿方案制定、决策公示、组织实施、评估反馈等各个环节，保证儿童参与的制度化、全流程、长效性。

儿童参与相关的公共事务，需要有公平的机会表达诉求和参与决策，参与程度有以下8个阶梯：

（1）被操纵：儿童并不了解问题，完全按照成人意志来行动，机械服从成年人的意见。

（2）装饰：儿童有机会参与一些活动，但并不明白活动的本质和参与的目标。

（3）“表面文章”：成年人会询问儿童对某些问题的看法，但儿童缺乏自由选择的权利。

（4）分配任务给儿童并告知儿童：在成年人制定行动计划后，让儿童自愿参与，儿童能够明白活动的目的和计划的意义。

（5）征询儿童意见并告知儿童：由成年人设计和推行活动计划，但是在此过程中征询儿童的意见。儿童对程序完全了解，他们的意见获得重视。

（6）成年人发起并与儿童一起作出决定：由成年人出主意，儿童参与筹划并实施每一道程序。他们的意见不仅被考虑，而且能够参与决定。

（7）儿童发起并由儿童自己决定：这一阶段由儿童出主意，并决定计划如何实施，成年人只是提供帮助，并不参与具体事务。

（8）儿童发起并以主体身份邀请成人共同决策：由儿童出主意、设计计划，邀请成年人提供意见、讨论和支持。成年人并不参与具体事务，但需要提供专业知识供儿童参考。

上述（1）~（3）阶梯实际上儿童并未真正参与；（4）~（6）阶梯可以说是我国儿童参与城市规划的主要形式；（7）、（8）阶梯级别很高，儿童有很大的主导权。

5.1.2 关于参与式设计

广义的参与式设计一般称为“公众的参与式设计”，其核心即“参与”。参与式设计强调使用者在设计过程中被赋权，让空间使用者能够加入公共区域的规划与设计，真正影响社区环境的决策[1]。这种设计方式，最大的好处在于使用者不是被动地接受政府或设计者对他们生活环境“专业”的设计和重建，而是真正参与到环境的营造，有效地表达对环境的诉求，甚至决定环境的建设方案[2]。参与式设计的过程由专业设计师、研究人员、使用者三方协同合作参与，且使用者的参与程度应深入到整个设计系统的各个细节；各阶段的设计和评价都是以上下文为导向，根据实际情况对方案进行修改[3]。有效参与的关键在于民众能深度表达意见与诉求。在实践过程中，参与式设计的内涵应包括三个方面：①参与的意义大于设计的意义。设计本身只是解决问题的形式，而参与才是解决问题的方法。②参与者之间的合作及身份转换。无论是居民还是专业者，事实上都是以参与者的身份存在，完成身份上的融合和转变，才能实现参与本身。③通过参与完成“行动”到“情动”[4]的转变。作为专业者，同时也是参与者和引导者，居民在专业者的引导下，最终能够产生对社区的问题评判意识，各个利益相关者能够通过设计改变自己，这才是最终的转变（图 5-1）。

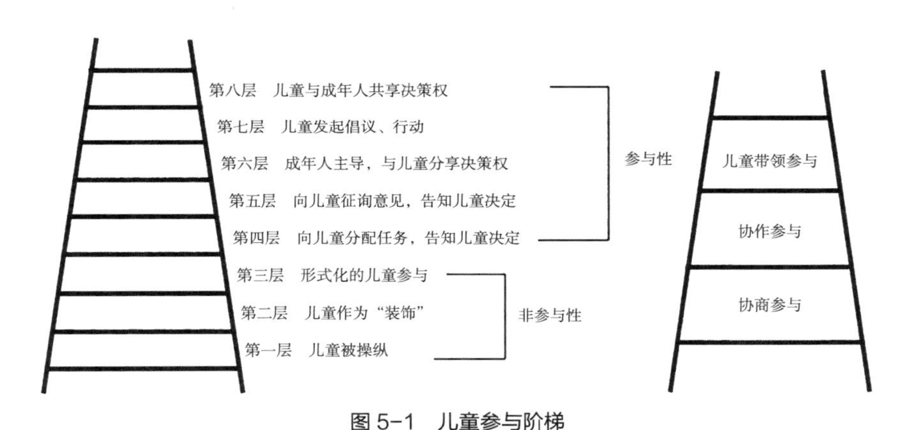

图 5-1　儿童参与阶梯

图片来源：沈瑶，廖堉珲，晋然然等．儿童参与视角下“校社共建”社区花园营造模式研究 [J]. 中国园林，2021，37（5）：92-97

近年来国内工作坊模式应用广泛，在不同学科领域和不同环境中的定义也有所差别。王志刚认为工作坊是作为参与式设计的一种主要的实践方式，体现了一种开放的合作模式及充分的参与过程[5]。黄耀福也曾提到以工作坊为媒介搭建多元主体的互动平台，引导各主体参与到规划的多个环节中，促成各主体社会联系的建立与发展共识的达成[6]。他们都强调了“合作”及“共同参与”所代表的工作坊内涵，其本质是作为参与式设计的一种形式表达，通过这一形式可以让各参与主体在设计过程中融合，保证方案合理和实施深度。同时，工作坊这一形式，能通过多样化的过程设计，打破“参与主体只是参与讨论”的常规，全身性地体会设计的各个细节，深化参与程度。综上所述，工作坊的内涵主要包含两部分：①参与的身体性，即不仅只是头脑风暴的研讨会，还是听、说、辩、动的作业场，想法应得到表达，成果则需要共建；②以活动形式展开的开放性，将复杂的社会环境简化成简单的参与平台，降低参与的门槛以吸收更多元的参与者。

参与和合作是参与式设计最为重要的内涵，合作本身是与共同工作紧密联系的，这种合作不仅局限于书面的合同关系、知识交流，而是需要身体性的参与。参与式社区规划的最终成果不是缺乏弹性的蓝图，而是一系列可操作、可适应环境变化的行动计划。而工作坊最大的特征就是在于身体性工作，区别于一般的研讨会，需要听、说、看、动等全身性的活动（图 5-2），只有将大脑的活动与身体的状态联系在一起，才能更容易找出问题的本质。基于这点，工作坊和参与式设计概念本身其实并没有严格的区分界线，逻辑关系上可认为参与式设计是工作坊的抽象化内涵所在，而工作坊则是参与式设计的实践表现形式，是本质与表象的关系。从目前我国社区设计的实践来看，参与式设计大多用工作坊模式来表达。部分国内外成功案例也表明利用工作坊实现参与者之间的角色互换和从控制到赋权的转换，是一种操作性很强的实践形式。

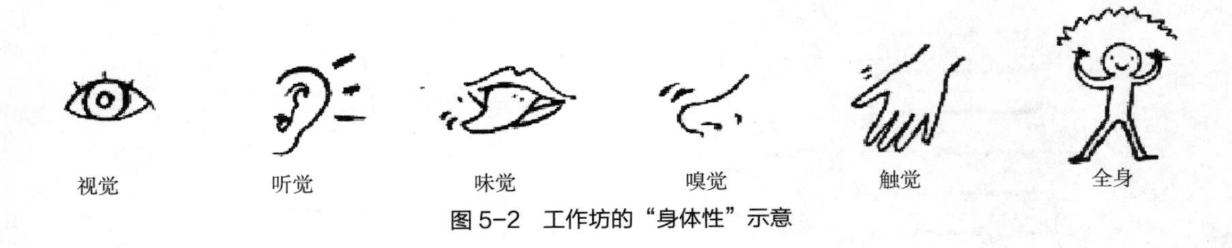

图 5-2　工作坊的“身体性”示意

由大学—社区—小学组成的“校社共建”联盟以参与式工作坊的形式在实践过程中发挥了较大作用。在建立联盟的过程中，儿童作为纽带紧密连接社区花园与多方参与者。在社区参与、学校参与的氛围中，儿童参与公共事务的信心和能力逐步加强，居民、社区组织和小学等相关力量的加入，使社区内形成了良好的参与氛围。

5.1.3　常用工作坊模式

（1）PDCA 工作坊

PDCA 模式（又称戴明环法）是爱德华兹·戴明（Edwards Deming）在 19 世纪 50 年代提出来的一种易于实施的解决问题模式。PDCA 由四个主要进程组成，即“计划（Plan）—实行（Do）—检查（Check）—调整（Act）”。“计划”是评估现状和了解需要解决问题的性质；“实行”即通过分析数据资料及问题产生的原因，提出并实施解决方案，来启发团队对实际问题的认识；“检查”则是监控项目计划实施效果，并找出对策，从而进一步改进方案；“调整”是根据需要进行持续的绩效评估和调整，将新情况融入正常的工作实践中，重新开始 PDCA 循环。每一个环节都有对应的关键步骤，可按步骤逐步解决问题，如果得出的方案没有解决问题或者效果不佳，则开始新一轮的循环。四个进程中“实行”最为关键，需要完成从提出解决方案到实行解决方案的映射，在此进程中需要争取赞助者、领导者、主持者和参与主体四方的支持。另外，在计划阶段和实行阶段，都需要遵循“具体性（Specific）—可衡量性（Measurable）—可操作性（Achievable）—真实性（Realistic）—可检验性（Time based）”原则（简称 SMART）（图 5-3），着重强调了实施结果必须经得起时间的考验，以保证模式的可持续性[7]。

（2）SPAR 工作坊

参与式设计的 SPAR 模式（寻访—计划—行动—回顾）作为儿童参与儿童友好城市构建的模型依据，更加适合中国大部分城市社区，还存在着人口众多且流动性大（大中型城市尤为突出）、居民参与意识薄弱、社区设计实施动力不足等特点。因此社区设计过程中，需要更多地关注其复杂的社会环境和开展的动力机制（图 5-4）。

第一阶段：寻访（Search）。需要在复杂的社会环境中寻找、走访、调查。在这个过程中，第一要发现问题；第二要与居民和社区工作人员建立良好的沟通关系；第三要发现社区原本的运行机制和支持社区设计的可能动力机制。

第二阶段：计划（Plan）。与居民通过头脑风暴、圆桌会议、开展活动等形式一起来讨论工作坊的计划，此过程关键在于能让居民充分了解方案形成过程及实施步骤。在正式实施之前，建议进行三项评估：一是行动计划的儿童参与度评估；二是行动计划的儿童满意度评估；三是行动计划的可行性评估。将评估结果作为正式实施计划之前的修正依据，及时调整工作方案。

第三阶段：行动（Act）。这里有别于 PDCA 模式的“Act”，所指行动更接近实施，与居民共同探讨合适的方法途径并付诸行动，将结果演绎出来，其关键则在于设计者能分配好居民任务，使居民能够发挥其长处。

第四阶段：回顾（Retrospect）。这个过程分为两部分：一是设计者需回顾整个工作坊展开过程及成果，通常以策展的形式展开；二是针对居民的反馈。

在 SPAR 模式中，社会环境和动力机制是至关重要的一环，在适应社会环境和找准动力机制的基础上反复进行方法途径的探索和假设型结果的演绎，伴随着行动和回顾过程，互相支撑以达到最佳效果。因此设计者们需要扎根社区，以人物为线索寻找可持续的动力机制，使工作坊获得持续性效果。

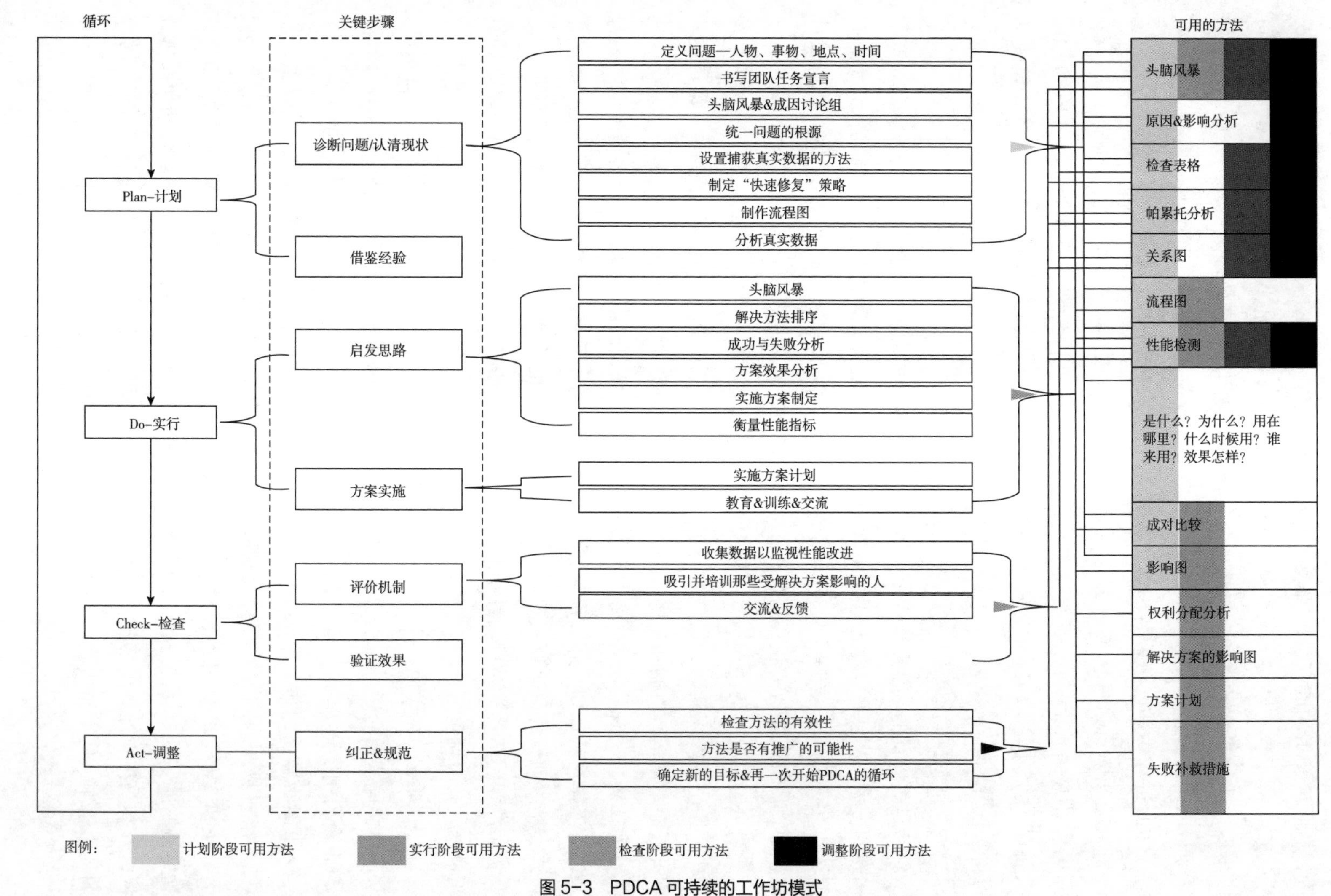

图 5-3　PDCA 可持续的工作坊模式

图片来源：沈瑶，杨燕，木下勇，等. 参与式设计在社区设计语境下的理论解析与可持续操作模式研究 [J]. 建筑学报，2018（S1）：179-186

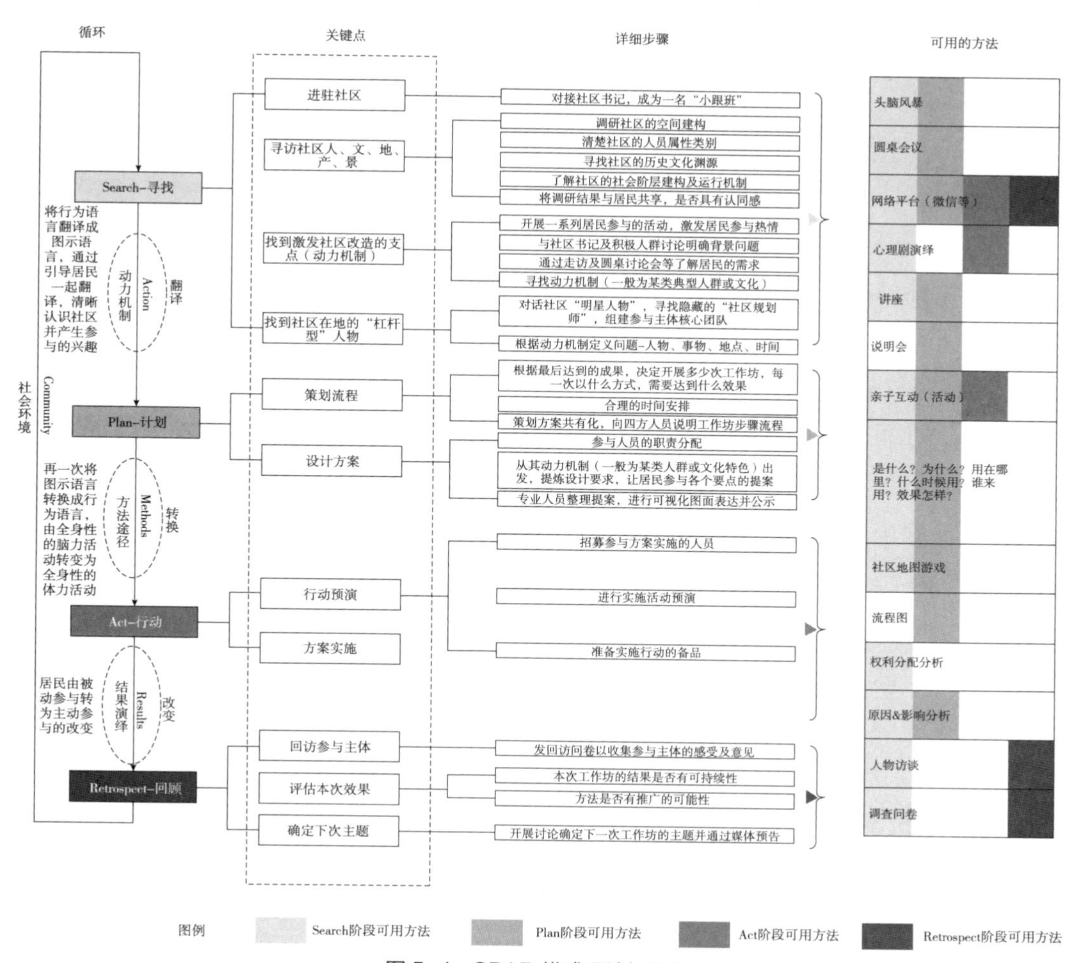

图 5-4　SPAR 模式理论解释图

图片来源：沈瑶，杨燕，木下勇，等．参与式设计在社区设计语境下的理论解析与可持续操作模式研究 [J]. 建筑学报，2018（S1）：179-186

5.2　参与工具

儿童参与工具指儿童在参与社区公共事务过程中，可以学习、使用的辅助技能，以促进其参与的积极性、有效性、及时性和合理性。本章所列工具均以儿童使用为视角进行描述，包含概念、应用范围和使用方式几个方面，在实际运用中大部分时候为组合使用。

5.2.1　团队规约

儿童参与往往借助团队为载体进行，为促进团队内协作，团队组建初期需要制定团队规约。团队规约是指团队成员在完成目标过程中，共同建立的、用于规范个人和集体共同守信、维护整体秩序、促进团队团结的规范。

团队规约是儿童参与各类公共事务及活动的基础，旨在为儿童安全探索和尝试创造保护性的规则和环境。该工具可应用于各类儿童参与式活动全过程，可帮助儿童认识同伴、缓解紧张情绪、产生团队归属感。

团队规约可由团队破冰、团队口号、团队公约三个部分组成。

（1）团队破冰：团队组建初始需要快速促进儿童彼此认识，帮助其融入陌生环境和集体，该部分包含破冰游戏和分组挑战两个内容。

①破冰游戏："自我介绍卡"，是一种简单、易操作的破冰道具。具体使用方式如下：给每个儿童发一张纸（A5 大小）和 1 支水彩笔，将纸沿长边和短边分别进行折叠，用折印把纸分为四等份，让儿童用水彩笔在纸上作自我介绍。每个等分的内容可提前规定好，常规介绍内容包括姓名、年龄和星座、学校和年级、爱好和特长四种。儿童制作"自我介绍卡"过程中不用限制其表现形式，可用文字、图形等各种方式进行表达。儿童完成绘制后可由主持人或老师引导其结合卡片逐一进行自我介绍。

②分组挑战：如时间充裕，可与游戏结合进行，即以游戏发出挑战，游戏结束则分组完成。如时间有限，也可采取抽签、报数等传统方式进行分组。需要注意的是，为儿童在后续活动中可以充分参与，一般小组成员不宜多于 8 人。

（2）团队口号：团队可以设计朗朗上口的口号，作为团队参与的基准。如香港童子军的座右铭是"尽你最大的努力"（Be Your Best）。

（3）团队公约：制定特定公共事务或参与活动的所有人必须遵守的公共约定。团队公约应由老师带领儿童共同制定，可通过让儿童现场填写便利贴，并上台介绍，再以举手表决的方式进行确定。现场由老师引导并进行记录，记录完成并确认无误后，请儿童签名确认。需要注意的是，此类公约需避免由组织方单方面制定好，再告知儿童要求其遵守的情况。

以下为团队口号和团队公约在南京市建邺区莫愁湖西路儿童·家庭友好国际街区儿童议事会（图 5–5）以及长沙市丰泉古井社区（图 5–6）中的运用。

5.2.2 思维导图

思维导图是一种将发散性思考具体化的方法，也是使用范围最广的思维工具。思维导图简单开放的使用方式、色彩丰富的视觉效果以及发散式的思考方式，十分贴合儿童思维的特点。

思维导图在儿童参与中经常运用于记录、调研、创造性解决问题的场景。成年人可通过让儿童绘制思维导图的方式，获取儿童对问题的看法、意见和解决办法。这种方式

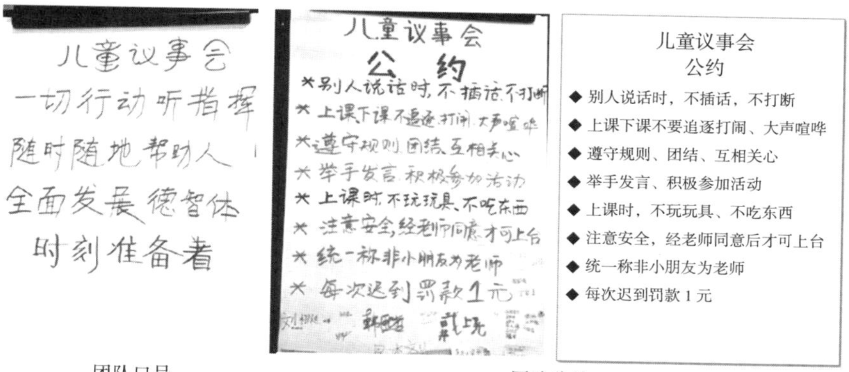

儿童议事会
一切行动听指挥
随时随地帮助人
全面发展德智体
时刻准备着
儿童议事会
公约
儿童议事会
公约
◆ 别人说话时，不插话，不打断
◆ 上课下课不要追逐打闹、大声喧哗
◆ 遵守规则、团结、互相关心
◆ 举手发言、积极参加活动
◆ 上课时，不玩玩具、不吃东西
◆ 注意安全，经老师同意后才可上台
◆ 统一称非小朋友为老师
◆ 每次迟到罚款 1 元

团队口号　　团队公约

图 5-5　莫愁湖西路儿童议事会口号及公约

社区儿童玩耍
公约
亲爱的小朋友们，这里是一个公共场所，为了维护良好的邻里环境，在快乐玩耍的时候不打扰到别人，我们提出了以下倡议，希望小朋友们可以遵守，大家一起创造更美好的社区环境。
1.为了让老板能很好地工作，请大家不要大声喧哗。
2.为了保持良好的环境，请小朋友们把垃圾丢在垃圾桶内。
3.老板很辛苦，请小朋友们不要到店里捣乱。
4.请大家不要追逐打闹，注意安全。
倡议发起单位：
儿童友好城市研究室
丰泉古井社区
东芽街小学

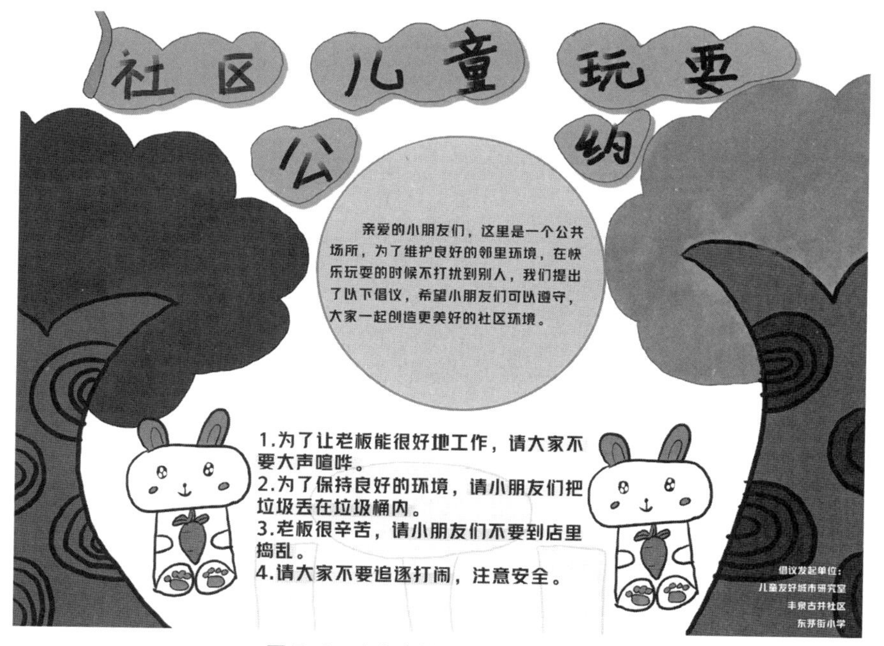

图 5-6　丰泉古井社区儿童友好公约

既有趣，也更容易站在儿童的视角了解他们的需求，从而完善问题的解决方法，甚至创新服务模式。

思维导图一般以一个关键词或关键图形作为“圆心”，以此为出发点进行发散性思考和记录。例如，与社区儿童共同探讨社区暑期活动应该如何设计时，“暑期活动”可作为圆心，展开与其相关的内容，如主题、时间和频率、地点、形式、负责人和参与人等要素，进行下一步发散性讨论。讨论全程使用大白纸和不同颜色的水彩笔进行记录。下图为江苏省苏州市常熟蓝鱼公益社亲子课堂对家庭关系的讨论（图 5-7）。

图 5-7　江苏省苏州市常熟蓝鱼公益社亲子课堂对家庭关系的讨论图

资料来源：许东

5.2.3　SWOT 分析

SWOT 分析是十分常见的规划工具，因其资源梳理和优势分析能力突出，也被广泛运用于社区治理实务中。SWOT 分别指：

S：Strengths（优势），事务内部 / 自身优点；

W：Weaknesses（劣势），事务内部 / 自身缺点；

O：Opportunities（机会），外部环境因素中有利于发展的要素；

T：Threats（挑战或风险），外部环境因素中阻碍发展的要素。

儿童参与社区公共事务的第一步是开展社区调研。对于调研结果如何转换成社区提案，SWOT 分析作为重要的“转译”工具被广泛应用，它能帮助儿童将调研中发现的细节问题进行分类，梳理优势和机遇，从而获得转化为提案的建议和依据。

SWOT 分析是儿童参与街区规划必须掌握的工具，常用在儿童参与调研后的资料分析中。SWOT 分析工具运用精髓在于引导儿童学会运用两种因素整合式地思考，避免只针对优势 / 劣势 / 机会 / 挑战单方面因素进行分析。由于任何事物均存在两面性，同时也会影响或产生不止一种结果，而儿童考虑问题惯常单线性，容易进入“非黑即白”的误区，所以教授该工具时，需要特别强调矩阵式分析模型的运用，通过优势 / 机会组合（SO）、劣势 / 机会组合（WO）、优势 / 风险组合（ST）以及劣势 / 风险组合（WT），帮助儿童获得更全面的分析结果。

儿童在运用 SWOT 分析工具时，一般用纸质板书进行记录，记录方式可参照下图进行。在记录过程中，儿童可利用便利贴记录个人观点的要点，向组员进行描述和介绍，无异议后，在板书上贴出。便利贴记录的好处在于方便“转移”，因为儿童在使用此工具中容易出现无法厘清类别的问题，所以需要采取可移动的方式进行纸质记录。以下为成都市武侯区锦城社区儿童对社区街心公园改造前的调研进行 SWOT 分析（图 5-8）。

图 5-8 成都市武侯区锦城社区儿童对社区街心公园改造进行 SWOT 分析

5.2.4 5W1H 分析

5W1H 分析法也称六何分析法，是对选定的项目、工序或操作，从原因、对象、地点、时间、人员、方法六个方面提出问题并进行思考。5W1H 分析法因其适用范围广、模式成熟、易于应用等特点，在儿童参与中经常被运用。5W1H 分别指：

What：对象——做的什么；

Why：为什么——做的原因；

Who：人员——谁来做，责任人；

When：时间和程序——什么时候做，流程怎么样；

Where：场所——在哪里做；

How：方法——如何做。

5W1H 分析法在儿童参与中多运用于社区公共提案的梳理中，常与 SWOT 分析法搭配使用，让儿童学会全面系统地考虑多种因素，尽量细致完善地制定提案或行动方案。

运用 5W1H 分析法过程中，需要注重引导儿童掌握思考的顺序。如果思考的问题为某个现象引发的公共问题，那么常见的思考顺序为“Why—What—Who—When/Where—How”；如果思考的问题为个人行动计划时，那么常见的思考顺序为“Who—What—Why—Where—When—How”；如果思考的问题为研发新的产品 / 方法，那么常见的思考顺序为“What—Who—Why—Where—When—How”。引导儿童思考前，老师需要提前对问题进行分析，确认思考顺序，以便在操作过程中引导儿童的学习和应用。图 5-9 为南京市莫愁湖西路儿童议事会儿童对莫愁湖公园改造调研后做的 5W1H 分析记录。

5.2.5 方案可视化

方案可视化是指运用多种图示技术把本来不可视的、抽象的思维直观地呈现出来，并结合方案背景、目标、受益人群、时间、流程、产出、预算等关键内容进行成果展示。方案可视化方式是比较符合儿童思维特点的项目管理工具。优秀的可视方案可以帮助公共事务中的相关方在有限时间内能更快速、更准确地了解方案目标、内容框架和行动路径，从而更快达成共识，甚至协同合作。

方案可视化常应用于儿童进行公共参与活动或召开参事议事会议后，将讨论成果向有关部门和相关方展示并进行路演汇报的情况。方案可视化过程中常使用时间轴、流程图等方式帮助表达，还通过配色和字体大小，将内容重点突出于图文中。可视化并非美术题，表达的逻辑性比画得好看更重要。在引导儿童使用该工具时需提醒他们切勿花大量时间进行美化，应侧重思考如何进行版面设计和核心内容表达。下图为南京市建邺区虹苑社区儿童为自行车棚及小区广场改造方案进行可视化的设计（图 5–10）。

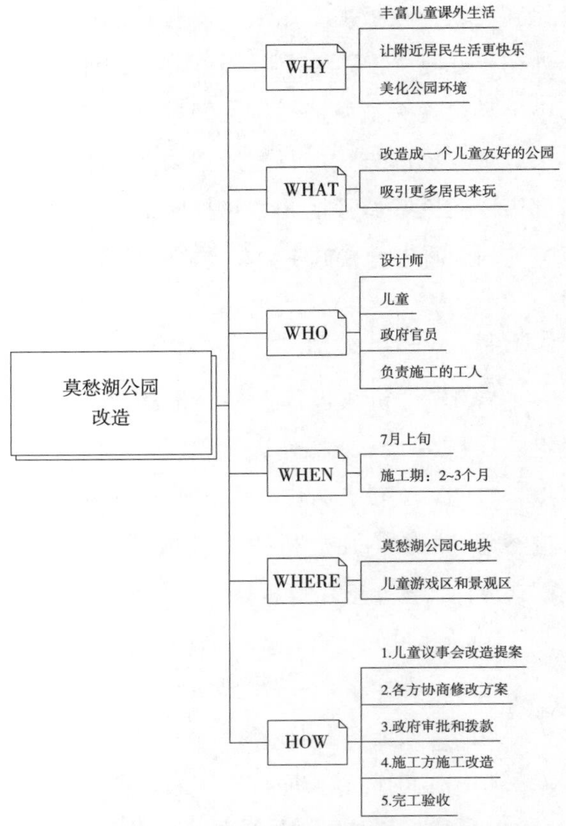

图 5–9　南京市莫愁湖西路儿童议事会儿童对莫愁湖公园改造调研后做的 5W1H 分析记录

5.2.6　参与式预算

参与式预算是将涉及参与者切身利益的公共资金，交给公众讨论，并由公众决定，使预算编制更加公开、民主、透明的预算方式。

参与式预算主要运用于让儿童及家长认识公共事务参与过程中常规的成本理念，学习“公益不是免费的”概念，从而培养儿童为身边的公共事务核算成本的能力。参与式预算也可运用在社区自我造血项目的成本预算中，让付费的被服务者共同参与到预算中，促进社区公益项目财务公开透明。

以自我造血项目中的付费服务为例，参与式预算引导步骤有：

（1）向儿童讲解什么是“成本”。如以开设课程为例，讨论需要哪些成本（如人员工资、场地、交通、物料等），并罗列各项成本的具体金额。

（2）对于儿童提出的不合理成本，进行引导讨论（例如超过常规项目财务标准比例的人员工资等）。

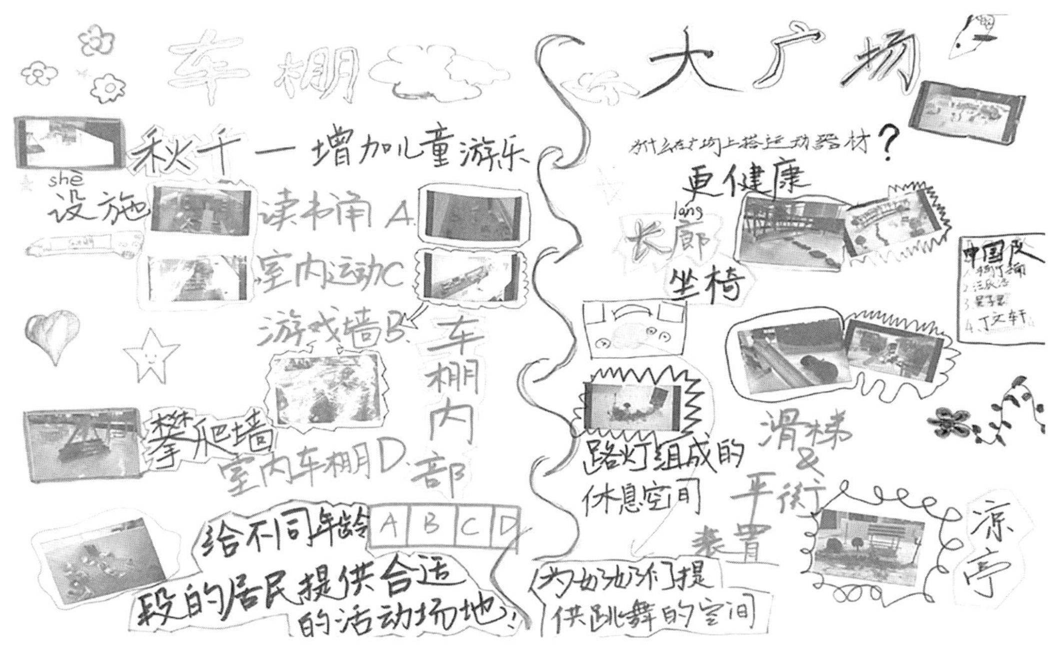

图 5-10 南京市建邺区虹苑社区儿童为自行车棚及小区广场改造方案进行可视化的设计

（3）将所有成本汇总，按儿童人数算出平均值，即为每个孩子参与活动需要交的费用（如果活动已由其他相关方购买服务，则无须儿童支付）。需要同时告知家长和儿童，个人费用取决于总体数量，即人多分摊则少，人少分摊便多。

需要注意的是，参与式预算中的部分内容可以由儿童自行选择取舍，例如是否购买茶歇、是否提供奖品等。决策采取少数服从多数的方式，一旦决议通过就遵照执行，如非必须，后续项目执行过程中不另作成本预算修改。成都市武侯区锦城社区儿童参与式预算会议的过程记录如下（图 5-11）。

5.2.7 儿童虚拟货币

儿童虚拟货币是儿童专有的游戏货币，在社区中可替代儿童志愿者积分使用，也可用于一切儿童有偿活动的支付和兑换。原则上发放货币的机构为货币兑换的直接责任方，如货币兑换了其他组织的有偿服务，该发放机构也需将相应资金支付给有偿服务的提供方。

儿童虚拟货币常运用于社区儿童活动和服务中，即以某一社会组织为统筹管理方，成立儿童银行，对儿童志愿者、儿童有偿服务、儿童公共社交等进行统筹管理。

儿童虚拟货币需由儿童参与设计和制作，具体方式如下：

（1）引导儿童思考人民币的样子，人民币上都有哪些图画和文字。

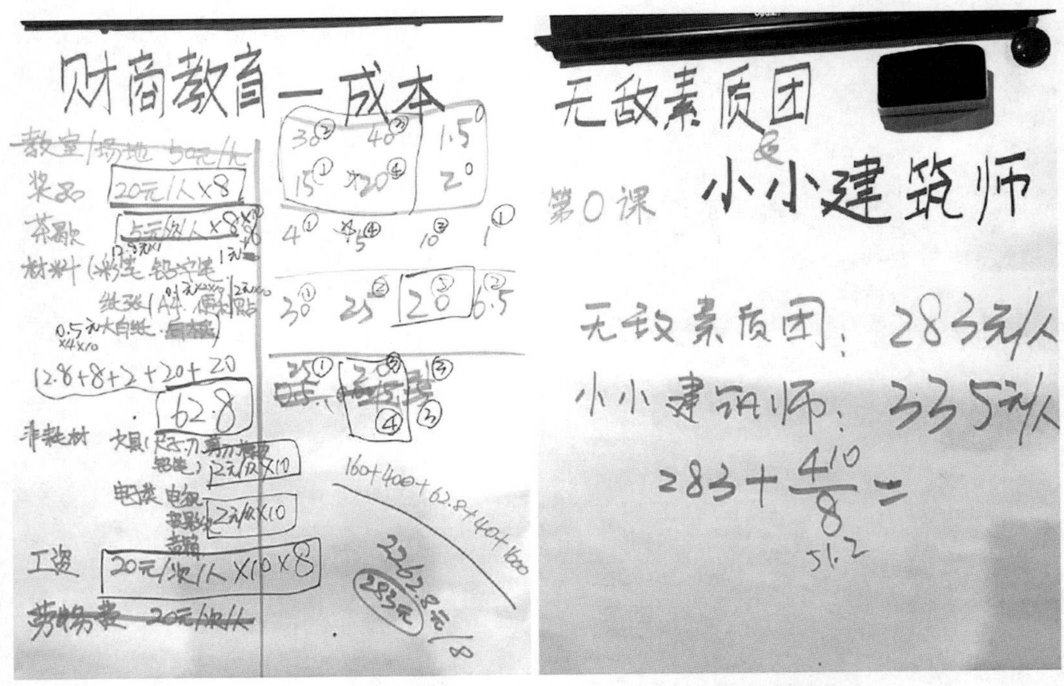

图 5-11　成都市武侯区锦城社区儿童参与式预算会议的过程记录

（2）展示真人民币，每组发 2~3 种，用于儿童模仿绘画参照。

（3）20 分钟绘画虚拟货币，每个孩子绘画最多 2 种面额的虚拟货币，展示、排版并印刷制作。

（4）儿童虚拟货币和人民币具有同等价值，所以印刷数量也需遵循货币使用的规律，例如日常生活中小面额较大面额更常使用。

需要注意的是，儿童虚拟货币需印制并进行发放和兑换，所以在使用过程中同样需注意防伪的问题。此外，儿童虚拟货币是提升儿童兴趣度和积极性的工具，并非儿童参与的必须工具，使用时需特别注重价值观引导，即挣钱不是根本目的。儿童参与的价值应该体现在对其想法和意见的采纳和尊重上，从而培育其志愿者精神，提升其参与实践后的成功体验。下图为成都市武侯区簇锦街道锦城社区儿童为社区制作儿童虚拟货币（图 5-12）。

5.2.8　公众表达

儿童在社区参与过程中经常面临向他人、向公众进行演讲和汇报的挑战，即便不排斥表现，仍存在大部分儿童缺乏上台演讲技巧，以至于由于“台风”不佳影响表达效果。

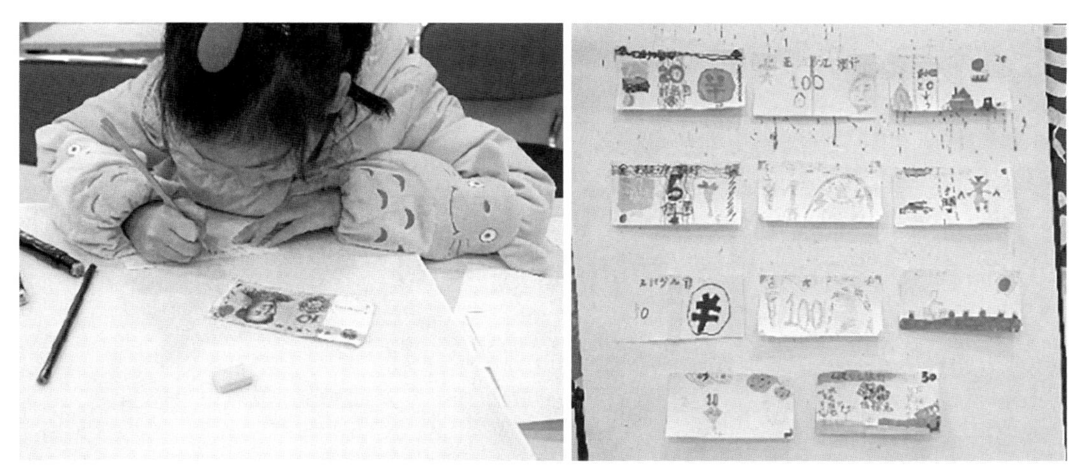

图 5-12　成都市武侯区簇锦街道锦城社区儿童为社区制作儿童虚拟货币

决定沟通效果的三大因素占比分别为：55% 的视觉（形体动作），38% 的听觉（语音语调），7% 的内容（逻辑及具体内容）。

公众表达工具广泛运用于儿童的学习、生活和与同伴交往过程中，它可以帮助儿童准确清晰地表达思考分析后的结果，从而提升儿童参与的成功率。

儿童在进行会议沟通、演讲和汇报前，需根据三大因素占比来合理分配练习重点和时间，具体学习内容如下：

（1）形体动作。好的形体和手势可以很好地抓住听众的注意力，也可以帮助儿童缓解紧张情绪，可以对儿童进行特定练习。例如，三定——笑定、站定、眼定；六手——一指、切菜、端菜（全掌式）、扔菜（手掌由胸前向右侧画弧）、抓钱、成功（握拳式）。

（2）语音语调。将要说的内容标上重点，开始练习，遇到重点处加重语气和停顿，最重要的部分还需重复一次。采取朗读的语速进行练习，不刻意大声喊。

（3）逻辑及具体内容。儿童在演讲的时候往往会因为缺乏表达条理和逻辑而紧张，可结合 5W1H 工具训练儿童，帮助其梳理逻辑和表达，如“你想表达的是什么？”“核心思想是什么？”“你想带给他人的价值是什么？”

需要强调的是，公众表达能力提升没有捷径，只有指导儿童多多练习。如果儿童参与的过程中有提案或成果展示环节，老师需预留时间，引导儿童进行公众表达练习。下图为南京市翠竹园社区儿童演讲活动（图 5-13）。

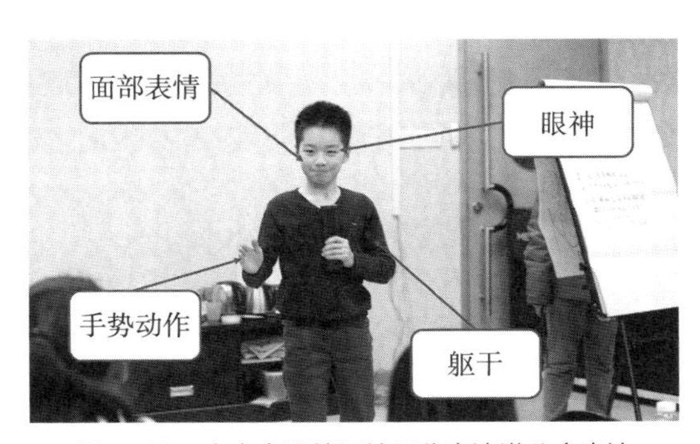

图 5-13　南京市翠竹园社区儿童演讲公众表达

5.2.9 议事规则

参与公共议事是儿童参与的重要环节和任务。关于议事规则，儿童也需要学习，在实践中一般会使用《罗伯特议事规则》的简化版，主要应用于儿童集体性的共同讨论。进行讨论前需张贴此规则，并由老师逐条解释说明并作应用示范。主持人一般由授课老师担当，如果儿童已对规则熟知并运用自如，也可培训儿童作为主持人主持议题讨论。

议事规则应遵循以下原则：

（1）中立原则：主持人在听取大家意见后总结。

（2）发言许可原则：经过主持人许可后再发言。

（3）一事一议原则：每次讨论一个议题。

（4）表决通过原则：针对不同的意见大家举手表决。

（5）机会均等原则：主持人应尽量让意见相反的双方轮流得到发言机会，以保持平衡。

（6）立场明确原则：发言人应首先表明对当前观点的立场是赞成还是反对，然后说明理由。

（7）发言完整原则：不能打断别人的发言。

（8）限时限次原则：每人每次发言的时间有限制。

（9）遵守裁判原则：主持人应制止违反议事规则的行为，这类行为者应立即接受主持人的裁判。

（10）文明表达原则：不得进行人身攻击、不得质疑他人动机、习惯或偏好。

（11）充分辩论原则：表决须在讨论充分展开之后方可进行。

（12）多数裁决原则：在简单多数通过的情况下，动议的通过要求“赞成方”的票数严格多于“反对方”的票数（平局即没通过），弃权者不计入有效票。

在儿童议事中可以将议事礼仪、议事程序、议事逻辑编写成朗朗上口的议事口诀，将常用动议制成形象生动的议事卡牌，再配合展示有议事流程和角色分工的议事桌布以及议事锤、计时钟、发言海螺、角色卡等工具，让孩子们快速上手，寓教于乐。图 5–14 为上海市浦东新区洋泾石头村儿童友好社区儿童议事会使用的工具包。

5.3 活动策划

5.3.1 儿童议事会

儿童议事会是指儿童围绕一个或几个与自身生存发展相关的议题，在调查研究的基础上进行讨论，提出解决方案或建议的活动，是儿童参与社会事务的平台、载体和途

图 5-14　上海市浦东新区洋泾石头村儿童友好社区儿童议事会使用的工具包

资料来源：黄锴提供

径。儿童议事会的成员一般采取公开或自主报名的方式面向社会招募，建议以 7~18 岁儿童为佳。由社区儿童自愿报名加入社区儿童议事会并成为议事成员，其中选取 1 名会长、1~2 名副会长参与议事会日常事务管理。儿童加入议事会后，需要独立建档记录其参与情况，必要时可对儿童议事员进行等级评议。

建立儿童议事会是推动儿童友好型社区建设的重要举措，议题及相关活动应结合具体可实施的公共事务开展，让儿童议事员能有实质性的参与。儿童议事会一般围绕推进儿童友好社区建设中心任务而设立，主要在儿童公共空间设计规划与改造、公共事务提案及其他涉及儿童的公共事务中探索，鼓励儿童参与从需求表达到落实的全过程。

5.3.1.1 工作职责

（1）制定议事会章程及工作计划；

（2）收集儿童需求，开展社区调研；

（3）将儿童的意见和调研成果形成议案，提交至相关政府部门及社区管理机构；

（4）源头参与涉及儿童的社区事务；

（5）监督、评价社区儿童事务；

（6）构建儿童与社区的联动机制。

5.3.1.2 儿童议事会基本活动

（1）议事框架建立。由社区儿童工作人员宣讲儿童议事会概念内涵、儿童议事员的权利责任。社区儿童工作人员还可邀请儿童工作专家一起帮助、引导儿童议事员讨论制定儿童议事会的架构、规则、流程、年度计划，以及成员的权利与义务。

（2）相关竞选活动。开展儿童议事会议事员、会长、副会长、常务委员的竞选活动，竞选人向社区提出报名，并参加现场路演，最终票选出议事会会长、副会长等。

（3）议事活动。引导儿童议事员对社区或学校议题进行讨论，从儿童视角发现和解决社区或校园问题的活动。

（4）年度总结。引导儿童议事员完成年度总结工作，针对总结出的问题提出相应的改进意见、制定来年年度计划、筹备新成员招募计划等。

5.3.1.3 儿童议事活动基本流程

（1）准备阶段。首先，活动主办方和承办方需要提前召开筹备会议，就活动主题、活动时间、活动经费来源及人员分工进行讨论；其次，进行经费申请，并制定活动宣传方案，面向社会进行人员（儿童议事员和相关专业志愿者）招募；再次，承办方和相关专业志愿者进行课件准备和物料的采购及制作；最后，确认活动场地并进行活动布置。主办方、承办方最好提前为所有参与活动的儿童议事员和志愿者购买活动保险，以加强安全保障。

（2）实施阶段。首先，将儿童友好理念的普及作为活动开场最重要的环节，通过知识的传递为儿童议事员树立先进的价值观；其次，根据儿童年龄构成及活动需要，对儿童议事员进行分组并开展团队建设，制定团队公约，分配工作任务；再次，由专业老师或志愿者带领儿童进入与活动主题相关的学习及演练，需要注意的是，为确保儿童对所需讨论的事务有充分、直观的理解，可带领儿童进行实地调研；最后，儿童将讨论成果形成可视化提案（如果为空间改造类的参与，还需制作相关模型），向评审团（由主办方代表、专业从业人员代表、居民代表、街道或社区代表及其他相关方共同组成）进行成果汇报，接受各方代表对方案的评议，以便进一步改进和调整方案。

（3）结束阶段。首先，需整理相关成果和活动照片，剪辑活动宣传视频并及时对儿童议事会活动进行媒体宣传；其次，活动主办方、承办方邀请志愿者对活动进行复盘，总结优点及不足，以便更好地开展后续活动；再次，及时将儿童议事成果（公共提案或设计方案）进行整理，移交给相关部门，以促进其采纳和建设实现；最后，对于活动物料和各类电子资料进行归档。

案例 5-1 深圳市龙华区儿童议事会

2017 年，深圳市龙华区启动“同关注 · 童未来”建设儿童友好型城区行动。2018 年启动社区儿童议事会组建培育工作，在全区 6 个街道 8 个试点社区成立社区儿童议事会。2019 年成立第一届区级儿童议事会，形成区级、社区（学校）级儿童议事会两级体系，通过专项儿童议事活动、与有关部门对话活动、社会倡导行动，实现三类儿童议事会有机联动。儿童与成人共同搭建儿童参与平台，参与到龙华区的社会治理和服务中来。

龙华区儿童议事会建设工作流程如下：

儿童议事会招募宣传：通过社区、学校、新媒体渠道发布招募信息，儿童了解相关信息后，在家长的支持下报名。

候选儿童代表竞选暨说明会：阐明儿童参加议事会的权利与义务，保障儿童的知情权和选择权；通过团队任务进行考察。

儿童代表成长训练营：开展团队素质拓展训练，提升儿童代表的团队协作能力，培养儿童代表们的议事精神，与成人支助者一起讨论并制定儿童议事会公约；引导儿童代表提出关心的议题，形成“议题库”，开展议事前期体验活动。

常规议事活动：线上准备与线下议事相结合，线上发布任务激发儿童代表对议题的思考，线下引导儿童代表制定议事活动规则，开展调研及议事讨论，引导儿童参与到社区有关问题的解决中来。

儿童参与式调研：引导和帮助儿童代表深入发现社区问题，了解居民的意见，根据调研结果形成提案报告，其中设计调研方案、外出调研、整理和发布调研报告均由儿童代表主导完成。

儿童代表研习营：将专题工作坊、参访体验、议题讨论等议事方式相结合，组织儿童代表们走进“第三届中国设计大展及公共艺术专题展”，了解城市规划与设计背后的故事，思考城市规划师们运用设计解决了什么问题，哪些经验和方法可以运用到自己的社区。

在操作中设置成人支助者角色，一是进行儿童议事会的日常管理工作，协助儿童开展各种主题的活动；二是负责提升成员单位与试点单位参与“社区儿童议事会”的意识；三是为试点社区建立“社区儿童议事会”提供督导支持，通过培训帮助社区相关人员掌握建立社区儿童议事会的方法。

案例资料来源：龙华她声音．重磅 | 携手儿童友好 共建美好龙华 [EB/OL]. [2022-12-26]. https://mp.weixin.qq.com/s/FFagTdrShc6x33q1OaC4gQ

案例 5-2　南京莫愁湖西路儿童·家庭友好国际街区儿童议事会五日工作坊

2019 年 7 月 1 日，南京市建邺区开启了“儿童参与议事，共建友好街区”首届儿童议事会五日工作坊，共有 33 名街区内的儿童参与此次活动。

通过儿童参与莫愁湖西路及莫愁湖公园的改造方案讨论，形成莫愁湖西路儿童·家庭友好国际街区建设的儿童建议方案。活动中将引导儿童达成三个目标：①畅想街区未来愿景；②形成街区改造意向方案；③参事议事知识能力学习与训练。

街区未来展望议事步骤：

（1）街区漫步与勘探：每个小组设置不同的路线进行街区漫步，发现街区的魅力与所存在的问题，帮助儿童议事员们更好地了解街区，并在随身携带的地图上记录。回到工作坊现场后，将所发现的社区魅力点与问题点记录到微缩地图上。随后利用场景卡，在微缩地图上标出组员自己喜欢的、希望建设的不同设施，将儿童议事员们希望建设的“儿童友好街区”的模样充分呈现。

（2）街区愿景卡：由每位儿童议事员设计自己的专属街区愿景卡（愿景卡包含三个方面的内容：个人自画像、自己希望的未来公园场景、个人对于公园的愿景）。以未来街区生活为蓝本，邀请儿童议事员们分享自己的愿景卡。

街区改造方案议事步骤：

（1）参与式设计方案平面图：在微缩地图上明确各空间的功能布局，如游戏区、科普区、植物区等。在各地块的功能与布局明确之后，通过发布地块任务书来确定各改造区的内容。随后一同制作方案改造的平面图，并利用彩纸、彩笔等进行平面图内容的细化，使其更贴合任务书的要求。

莫愁湖西路儿童 · 家庭友好国际街区建设成果展现

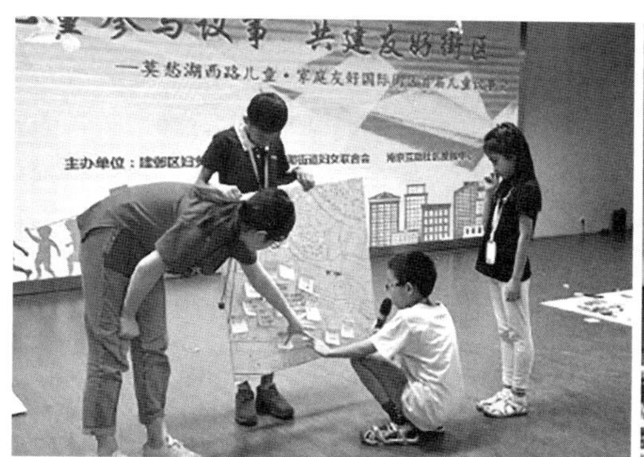

莫愁湖西路儿童 · 家庭友好国际街区建设方案汇报

莫愁湖西路儿童 · 家庭友好国际街区现场调研

莫愁湖西路儿童·家庭友好国际街区儿童议事员议事能力培训

（2）模型制作：先由专业志愿者为儿童议事员们介绍经典建筑的模型案例，随后发布模型制作的任务书，并帮助儿童议事员们根据任务书、方案平面图进行模型的制作与完善。

（3）可视化方案的制作与汇报：将五日工作坊中所学习到的参与式方案设计、参事议事能力的知识以可视化的方式进行呈现，通过可视化方案的汇报展示儿童议事员们在本次工作坊中的所思、所想、所得。同时也用一种更一目了然的方式来帮助儿童议事会工作相关方迅速了解本次儿童议事会的议题。

参事议事知识能力学习与训练步骤：

（1）团队训练：邀请儿童议事员们一同制定小组规则，并依次为自己所在的小组取名。规则确定之后运用“什么最重要？”“荒岛求生，一个汉堡包”等实践类游戏引出团队合作的主题，强调在参事议事训练中团队合作的重要性，并在“汉堡包”制作过程中贯穿思维导图的内容，帮助大家更好地开展合作。

（2）思维工具学习：学习SWOT分析的要点，带领儿童议事员们从优势、劣势、机遇、风险四个角度对儿童议事会工作坊的重点问题进行分析。随后，为儿童议事员们讲解5W1H技能，引导儿童议事员厘清议事会重点问题需要把握的重要时间点与事件点。

（3）协调与谈判能力：协调与谈判能力是儿童议事会参事议事知识能力学习中的重要一环，首先帮助儿童议事员明确此次议事会需要重点协调的各方力量，如居民、物业、建设方、政府等，以及确定协调的先后顺序，并在排序之后开展相关主题的辩论，通过辩论来提升儿童议事员们的思辨、谈判能力。

案例 5-3　长沙万科魅力之城儿童议事会

1. 活动背景

儿童参与下的社区公园怎么建？通过儿童议事会的模式，让儿童参与公园设计，从儿童的视角出发，打造不一样的社区公园。

2. 活动流程

（1）前期准备阶段。5 月 30 日下午，长沙市妇联联合长沙万科在万科里儿童成长中心三楼儿童议事厅，举办了一场别开生面的儿童议事会主题活动，主角是 10 名万科魅力之城的小朋友和 10 名家长。

儿童议事会

议事会开始前，小朋友和家长们参加了“你的世界我知道”你画我猜游戏。每组家庭中，由家长或孩子根据屏幕上的关键词，在画板上画一幅画，另一个人猜出画的内容。家长和孩子默契十足，心领神会，迅速地猜出正确答案，十分童真呆萌，现场欢声笑语不断。游戏结束后，活动组为答对题目最多的 3 组家庭送上精美礼品。

（2）规划设计阶段。组织开展了“童视角，童参与”社区公园规划设计创作，在主持人对社区公园的场地平面图进行介绍之后，以儿童为主角，10 个家庭对社区公园模型进行涂鸦绘制和场景规划，孩子们在不设限的场景空间里自由探索、大胆想象、天马行空，创造力、想象力和艺术细胞得到充分释放。

（3）展示与总结阶段。作品完成后，10 位小小规划师来到“2020 年长沙市庆祝‘六一’儿童节主题活动暨建设长沙儿童友好型城市儿童论坛”现场，介绍自己设计的公园模型。长沙万科产品管理部总监李志兴为小小规划师天马行空、创意十足的想象力大大点赞并现场点评。市自然资源和规划局副局长王慧芳、长沙万科产品管理部总监李志兴、长沙万科市场营销部总监刘张红上台为 10 位小小规划师颁奖。万科魅力之城将根据小小规划师们的设计模型，绘制形成社区公园的设计图。

（4）授旗仪式。活动现场还举行了“长沙市儿童友好社区儿童议事会”授旗仪式，与会领导和嘉宾为 10 个社区儿童议事会现场授旗，希望在长沙培育更多的以儿童为主体的议事组织，探索在学校、社区成立儿童议事会，开展“童视角，童参与”儿童议事会主题活动，构建儿童参与的“共治、共建、共享”社会治理新格局。

儿童议事会及授旗仪式

案例 5-4　上海石头村儿童议事会

上海石头村儿童议事会旨在组建维护共学社群，培养儿童公民素养，营造家长互助育娃的公共议事、自治合作氛围。主要做法如下：

（1）招募并征集议题。发布招募公告并同时发出议题征集邀请，议事会开始前收到来自孩子（或家庭）提出的议题，如：①如何处理和同学的关系？②如何与新同学结交朋友？③如何看待最新的防沉迷规定？④学校提出可选择延时下课，我该怎么做？⑤上学书包很沉，如何让上学路上变轻松一点？⑥如何写作业时少走神？⑦“双减”政策下，究竟还要不要参加培训班？

儿童议事会议题征集场景
图片来源：黄锴

（2）儿童议事会准备工作。通过暖场活动让儿童们相互认识；介绍儿童议事会和议事规则的重要性；推选议事角色，四个议事道具分别由四个不同的议事角色保管，议事锤交由主持人，手持举牌交由礼仪官，计时器交由计时官，议事道具交由小秘书。

儿童议事会主持人及道具
图片来源：黄锴

（3）动议与附议。议事会的备选议题来自开会前招募阶段，主持人对所有议事员进行简要说明，并表示可以临时提出“动议”。动议一旦提出，只要有一名议事员觉得值得讨论，就可以“附议”，动议议题就被主持人记录下来，并请所有议事员进行举手投票，表决出今日唯一议题。

（4）陈述议题和讨论。议题动议人详细说明自己的议题，其他议事员询问动议人补充相关信息，所有议事员确认没有疑问后，陈述议题环节结束。所有议事员采用“头脑风暴书写”的方式，把自己的建议写在便利贴纸上，一条建议一张贴纸，所有的建议都贴在议题板上。

儿童议事员发言
图片来源：黄锴

（5）辩论。议事员们自由选择正方、反方，正反方轮流每人 1 分钟时间发言说明本方理由。经过辩论可以发现，孩子们选择持方的理由是其基于真实生活，很有道理。

（6）表决和宣布结果。最后，所有议事员对合并后的建议进行举手投票表决，主持人宣布结果。动议人对大家的建议进行反馈。

5.3.2 儿童参与空间设计

儿童参与空间设计是指以可供设计与建设的硬件空间为切入，以儿童友好为设计思路，儿童从项目前期策划、方案设计、方案实施建造以及空间建成管理维护的全过程参与。儿童在这一过程可以学习绘制图画、搭建概念模型、演讲表达技巧，学会与各利益相关方进行谈判合作，习得探究现象、解决问题、与自然及社会和谐相处的经验，促进自身社会性的发展。儿童参与空间设计与建设是儿童将设计提案变为建设行动、将梦想化为现实的阶段，也是儿童参与深度和广度的重要衡量指标。

5.3.2.1 流程

（1）调研

调研是儿童开展设计活动的第一步，在充分了解现状、发现问题及明确需求后，儿童才能制定设计任务书，对具体位置、设计需求、受益群体进行描述，并初步构建出设计完成的场景，以此确定设计内容，为后续细化方案作好准备。儿童参与调研过程中要注意作以下引导：

①对儿童进行调研前的培训：介绍空间背景、调研内容、调研工具。

②现场调研记录：引导儿童将所发现的问题，在图纸相应位置进行测量、标记和注解。

③调研结束：邀请儿童分享在调研中的观察与发现，与儿童共同梳理调研结果。

④制定设计任务书：需要涵盖所有梳理后的调研结果。

下图为南京市江宁区泉水社区儿童议事会社区调研活动（图 5-15）。

（2）了解尺度

在空间设计中尺度是开展设计的基础。为了使设计具有更强的可行性，需要等比制作模型，所以儿童需学习建筑尺度基础知识，尤其需训练儿童通过实物尺度计算模

图 5-15 南京市江宁区泉水社区儿童议事会社区调研

型尺寸（常规室内模型以 1 ：20 为最佳，室外模型以 1 ：50 为最佳）。该环节需由专业志愿者进行讲解（根据设计内容提前安排专业志愿者收集相关数据、制作讲解 PPT）（图 5–16）。

（3）绘制平面设计图

此步骤是将调研结果、任务书内容及设计愿景实现的第一步。对于空间布局，儿童在相应比例的底板上将空间内涉及的事物、建筑等，通过便利贴、剪裁后的彩色 A4 纸贴在相应的位置上，然后在平面上表现出更为细致的设计想法，从而绘制出平面设计图，以此考量对任务书的回应，以及空间布局是否合理。平面设计是后续立体模型制作的基础（图 5–17）。

（4）模型制作

模型制作是将平面设计的内容以更为立体、形象、真实的方式呈现，以此模拟改造实施后的效果，从而进一步验证设计的合理性。根据儿童年龄不同；模型制作的难度也不同；小学低年级可多采用超轻黏土捏制；高年级儿童可更多使用 PVC 板材、木材、3D 打印材料等制作。本环节需由景观、建筑、规划设计师或相应专业学生协助完成（图 5–18）。

（5）设计方案的可视化和决策

儿童在参与设计的同时，需要学习思维导图、SWOT 分析、5W1H 等思维工具（本章 5.2 节中具体介绍），帮助其将设计思路、核心内容、建设效果等运用多种图示技术直观呈现出来。可视化方案可以帮助设计方、建设方、管理方及使用者迅速判断设计方案是否可行、可实施。

（6）实施建设

专业建筑师将儿童的设计方案进行深化，形成效果图和施工图。在实施过程中，园艺景观、墙绘、家具组装等均可邀请儿童共同参与营建。

图 5–16　南京市江宁区杨家圩儿童友好公园参与式设计尺度讲解

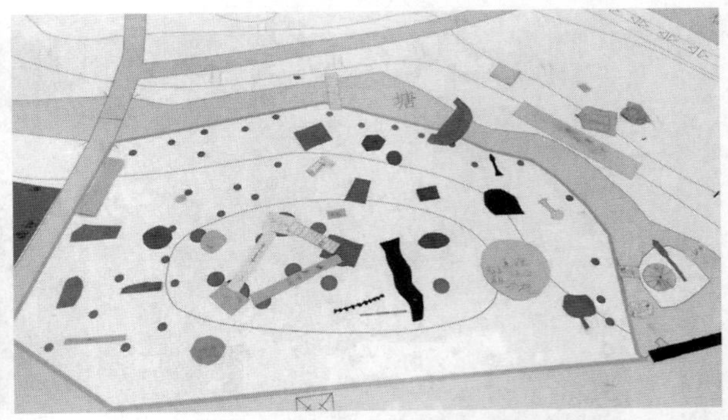

图 5–17　南京市江宁区杨家圩儿童友好公园参与式设计总平面图

图 5-18　莫愁湖西路儿童 · 家庭友好国际街区儿童议事会模型制作

（7）后续维护管理

空间建造只是开始，后续的使用及维护才是空间得以持续使用的重中之重。在建造过程中，引导儿童共同建立管理制度，并鼓励儿童自发组建志愿团队，明确时间和分工，共同管理、维护及运营社区空间。

案例 5-5　万科魅力之城社区游戏场

万科魅力之城位于高铁新城板块，项目东邻红旗路，南至劳动东路，西靠花候路，总占地面积约 53 万 m^2，总建筑面积约 140 万 m^2，定位为万科里城市梦想家，是万科在长沙打造的集商业、教育、文化、运动、休闲于一体的全方位综合性生活大盘，也是万科在华南地区最大的一个住宅项目，其商业配套十分成熟，自持 5 万 m^2 社区商业，全面涵盖了生鲜超市、银行、医疗、服饰等多元业态，为居民提供了全方位高品质的便利生活，社区内部配有三所幼儿园、一所砂子塘小学，以及 2 万 m^2 的中央公园。

魅力之城中央公园游戏区

万科集团从 1988 年起进入房地产行业，已然成为房地产行业的龙头企业。除了传统的商品房开发，万科一直也是创建“儿童友好型社区”的探索者，致力于尝试“儿童友好社区”营造和制定儿童活动设计原则，关注儿童游戏健康，从儿童友好角度指导社区建设和开发。

魅力之城室内儿童游戏区

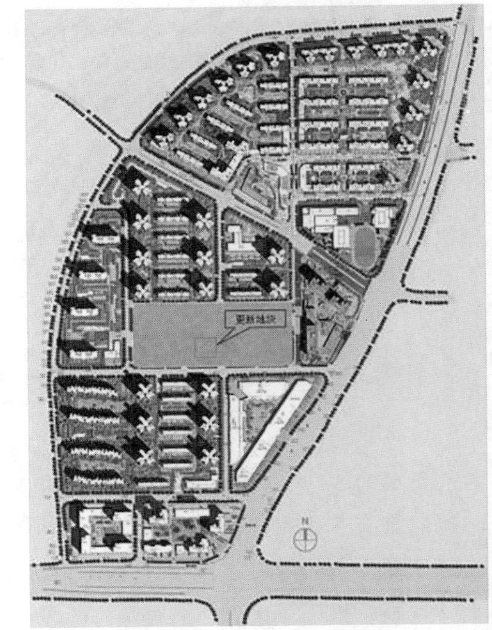

魅力之城儿童参与更新地块

针对地块更新，万科魅力之城联合湖南大学儿童友好城市研究室工作室，举办儿童参与式设计工作坊，邀请社区内部20名儿童参与地块的更新设计。工作坊分为四个阶段：

（1）儿童设计阶段。20名儿童分为10组，并配备1名志愿者组成儿童设计小组进行地块设计，利用地块模型和黏土制作游戏场模型。游戏场设计范围不仅限制于游具的设计，同时也针对地块的整个游戏空间进行设计，儿童利用黏土在地块模型上自由制作蹦床、跑道、秋千、管道等一系列自己想要玩耍的游具。为了更加准确地捕捉到儿童游具设计的目的和意义，志愿者同步在儿童制作的过程中记录制作原因。

（2）儿童发表阶段。模型制作完成后，儿童向工作坊的所有参与者展示和介绍自己设计的模型，主要介绍场地内的游具设施以及设计的原因。儿童发表阶段是儿童参与式设计的关键阶段，这一阶段将儿童的自我意识与大家分享之后，形成意识的传递，寻求达成最终的意识共识。

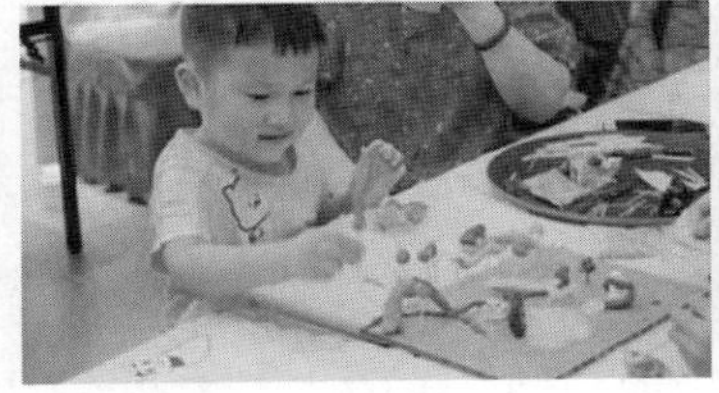

魅力之城儿童参与设计

（3）投票交流阶段。除儿童之外，还邀请了家长、高校老师、万科设计单位、社区居民等多方代表，从创新性、可操作性、娱乐性等方面对儿童设计的游戏空间进行投票。

（4）总结讨论阶段。针对投票的结果进行统计和讨论，集中讨论大家最喜爱的设计作品，针对各组方案中的设计亮点进行优化思考。

儿童参与部分设计成果

本次工作坊获得了儿童、家长以及设计单位的多方好评，并获得了意想不到的设计成果。但此次儿童参与工作坊属于更新项目前期设计的初始阶段，仅为魅力之城社区探索儿童参与游戏场建设的初期，之后针对儿童的设计方案，还会邀请儿童、社区物业、居民、设计方等多方代表再次优化设计方案，并寻求落地建设的可能性。

儿童参与投票交流阶段

5.4 综合案例

儿童友好社区建设是个系统，在过程中应创造有利条件，畅通儿童意见表达的渠道，鼓励并支持儿童参与家庭、文化和社会生活，保障所有儿童都有权利在知情、自愿的前提下参与到儿童友好社区建设的各个事项中去。本节选取了我国长沙、上海及日本等多地的实践案例，综合展示儿童全过程的社区参与。

5.4.1 长沙丰泉古井

5.4.1.1 案例背景

丰泉古井社区是位于长沙市中心城区的一个老旧社区，面积 0.129km^2，社区居民约 5500 人，其中 70% 为外来流动人口。2014 年 12 月，社区以流动儿童为切入点开始探索儿童友好社区建设，2016 年湖南大学建筑与规划学院儿童友好城市研究室加入其中，展开了以儿童为纽带、联动多方的实践探索（图 5–19）。主要围绕社区公共资源的整合与利用进行儿童友好实践，总结出儿童友好社区营造的三个必要条件：“核心牵引”“意识共鸣”和“行动协同”，从政策、服务、空间三个方面全面进行儿童友好社区建设[8]。

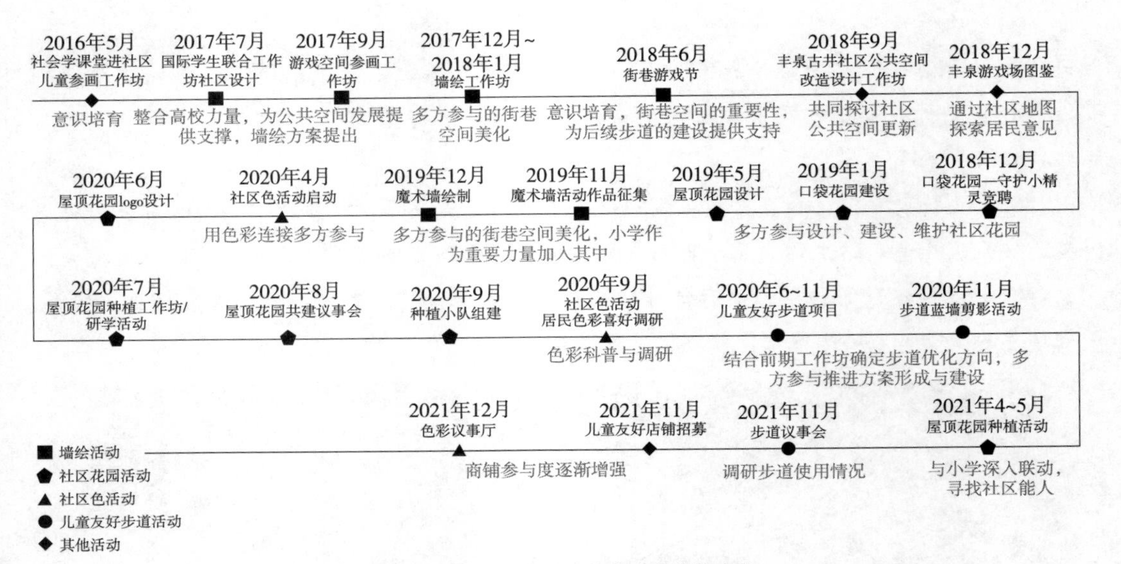

图 5–19 儿童友好城市在丰泉古井的实践

5.4.1.2 社区书房共建

丰泉书房是利用闲置警务室改造的社区书房。项目由社区居委会提供空间，并设立专属儿童游戏室，引入长沙市共享家社区发展中心，组织居民共建[9]。

2015 年，社区基层通过走访发现社区内缺少文化类公共空间，同时由于社区内存在大量流动儿童，儿童放学后的教育问题引起了社区关注，于是引进社会组织——长沙市共享家社区发展中心的“共享书房”理念，在社区党建工作的引领下，由社会组织提供专业支持，以公益众筹的方式共建社区公益书房。在此过程中，社会组织共享家提供志愿者参与书房的设计、装修与管理；社区居民参与书房的方案探讨，并响应众筹号召，为书房捐款捐物；社区周边企业、商铺也通过为书房捐物的方式提供支持（图 5–20）。

随着社区的不断发展与更新，越来越多的年轻化业态进入社区，商铺也作为一个重要部分参与到社区更新中。2021 年，社区书房翻修，社区内一家店铺“唐姑娘不姓唐”接手了社区书房的运营，并创建“唐姑娘爱看书”的品牌，承担社区公共空间以及游客中心的功能。社区书房也由完全社区管理模式变成了“社区＋商业”的模式（图 5–21）。

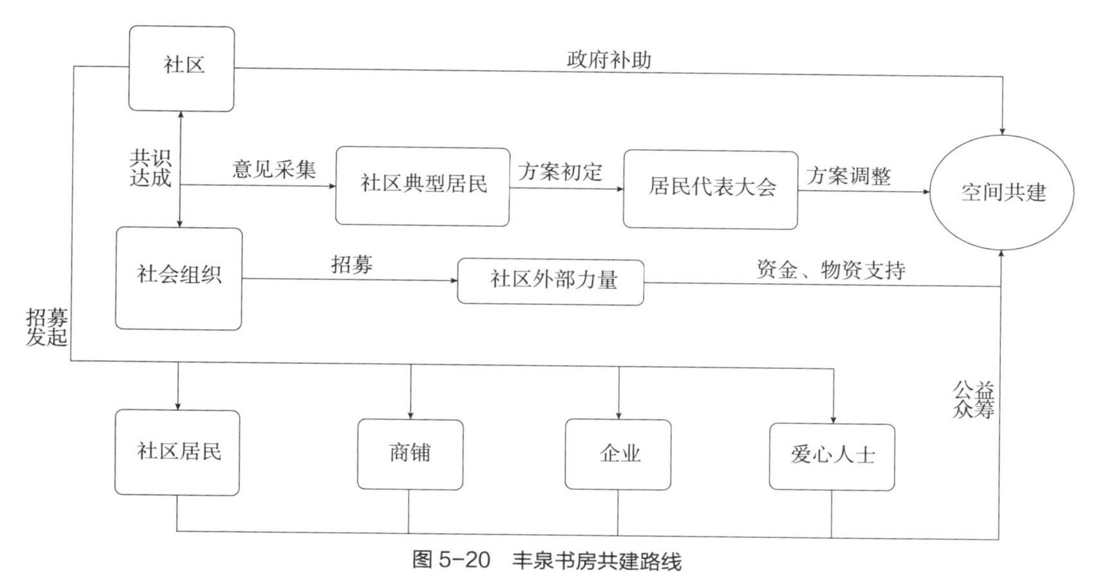

图 5-20　丰泉书房共建路线

图片来源：谢畅 . 基于丰泉古井社区实践的儿童友好社区共建共治模式研究 [D]. 长江：湖南大学，2021

"唐姑娘"接手前　　"唐姑娘"接手后

图 5-21　丰泉书房图片

5.4.1.3　社区墙绘实践

社区内步行系统的街景美化是参与式工作坊的一项重要提案。2017 年 12 月，湖南大学儿童友好城市研究室以社区环境改造为契机、以工作坊为平台、以社区街巷为载体、以亲子家庭为动力，展开了东茅街墙绘活动（图 5-22、图 5-23）。东茅街墙绘活动由社区亲子家庭自主设计，高校团队后期美化，集合社会力量与居民一起绘制完成。墙绘寓意丰泉的春、夏、秋、冬，以列车代表社区流动人口安家的心理状态。墙绘位于孩子们上学的学校大门对面，美化街巷景观的同时也具有教育意义，促进了社区内外人员的良性互动[10]。

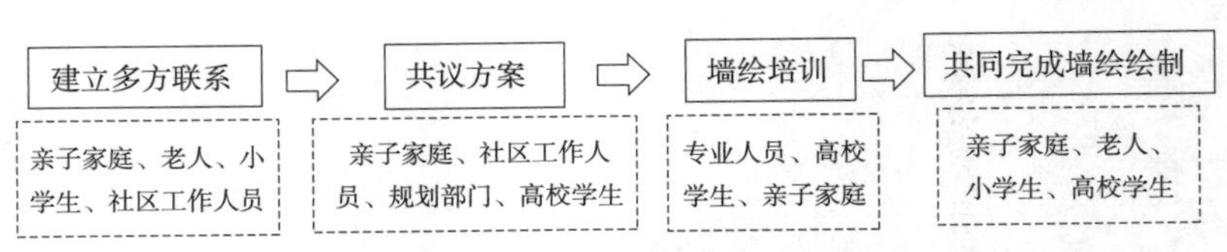

图 5-22 东茅街墙绘流程图

图 5-23 墙绘活动

5.4.1.4 街巷空间改造

儿童行为和活动的相关研究表明，街巷空间与儿童及其社会网络的关系极其紧密，承载了儿童出行、游戏、交往的各种活动。丰泉古井社区中存在大量街巷空间，但在前期的设计工作坊和调研中发现大量街巷空间被占用的问题。基于这一问题，儿童友好城市研究室以街巷空间为载体展开了儿童友好实践。2018 年，在丰泉古井社区举办了“街巷游戏节”主题活动（图 5-24），尝试对丰泉古井社区进行交通管控。经过多场工作坊与持续的调研，设计了一套儿童友好的步道方案：从儿童上下学必经的东茅街街巷空间入手，在不破坏社区历史风貌的前提下，结合儿童日常玩耍的游戏空间，从创造连续安

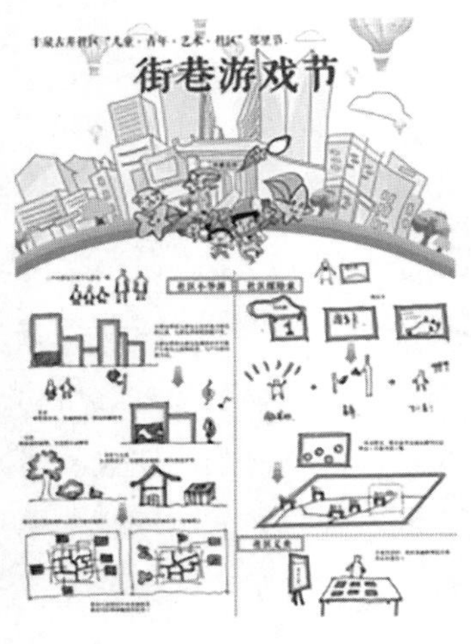

图 5-24 街巷游戏街活动图

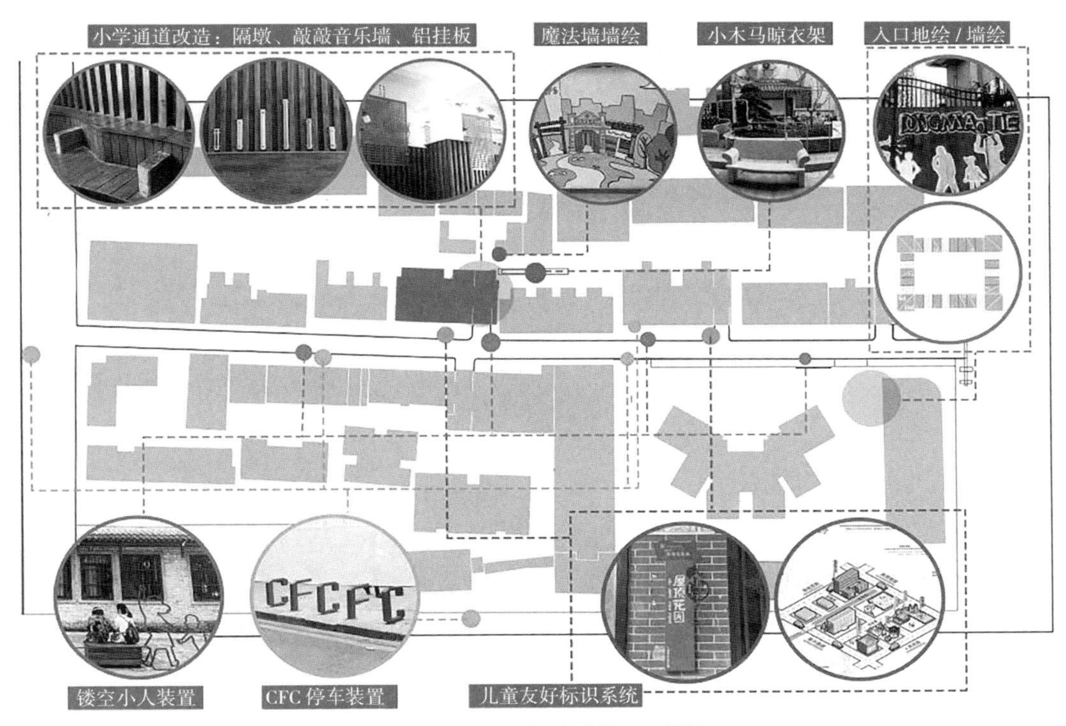

图 5-25 儿童友好步道位置示意图

全路径、优化社区空间节点、引入社区共有记忆等方面入手，打造一条安全、友好的步道（图 5-25）。在项目实施过程中注重儿童亲身参与，开展了“东茅街魔术墙墙绘”“屋顶花园种植”等活动，让街巷、社区空间留下社区儿童的独特印记与故事，以儿童参与的活动为媒介，将步道景观与儿童游戏相结合，激发儿童游戏兴趣，创造儿童与自然、社会共生的游戏空间（图 5-26）。

5.4.1.5 社区花园实践

丰泉社区希望以社区花园营造活动为切入点，激发社区儿童参与社区事务的积极性和自主性，在培养儿童参与能力的同时，增加社区公共绿地活力，强化以社区花园为核心的社会融合，提升居民的居住满意度。

2018 年 12 月，湖南大学儿童友好城市研究室开始在丰泉进行社区口袋花园的实践活动。整个活动分为四个阶段：前期动员、方案设计、实施建造和维护阶段。在场地施工过程中儿童参与了木材切割、安装、上色以及场地平整等现场施工工作，最后共同完成施工搭建（图 5-27）。2019 年 7 月，在口袋花园活动的基础之上，屋顶花园共建活动开启。与口袋花园相比，屋顶花园拥有了更多的共建方和参与方。该活动在长沙市两型社会建设服务中心的资助和湖南省农科院的支持下，以社区为核心，由湖南大学儿童友

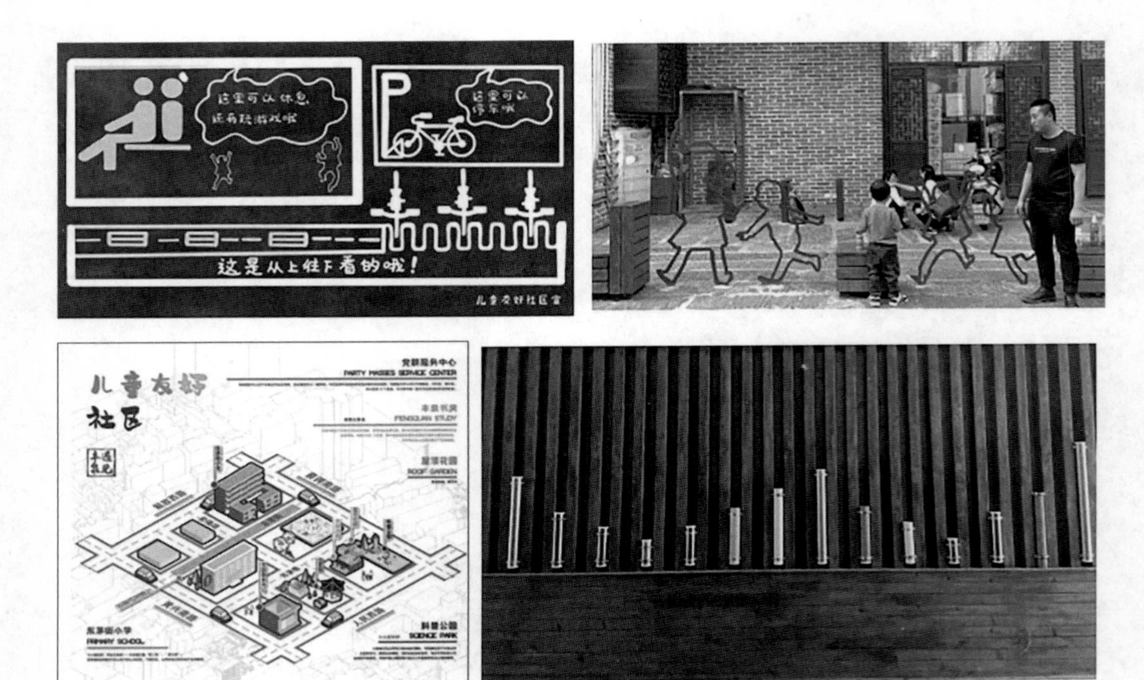

图 5-26　儿童友好步道图片

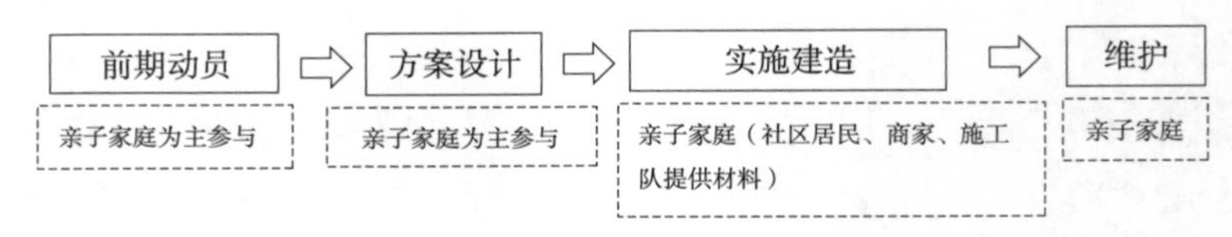

图 5-27　口袋花园活动流程图

好城市研究室负责，联合社会组织共享家共同开展。屋顶花园可分为方案设计评选、花园共建、种植小队组建、后续维护四个阶段（图 5-28)，建成后充分发挥其作为公共空间的交往功能。

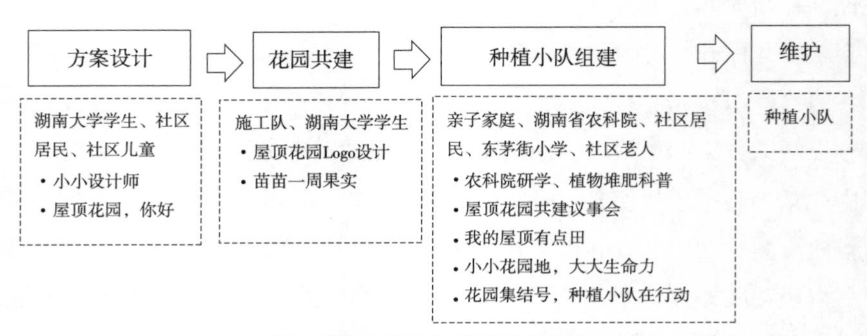

图 5-28　屋顶花园共建活动流程图

5.4.2 上海创智农园

5.4.2.1 案例背景

创智农园位于上海市杨浦区创智天地园区，临近五角商圈，东侧为高端的江湾翰林住宅小区，西侧为上海财经大学老旧小区（图 5–29），占地面积约为 2200m² 的狭长街旁绿地。由于地下有污水管线穿过，该空间长期未得到有效利用，原为建筑垃圾堆砌地。2016 年，杨浦科创集团和瑞安集团对该地块进行改造再利用，由瑞安集团代建代管，政府政策支持，社区组织——四叶草堂负责日常运营。创智农园成为上海市首个位于开放街区中的社区花园，以共建共享社区花园的形式进行了地块更新。

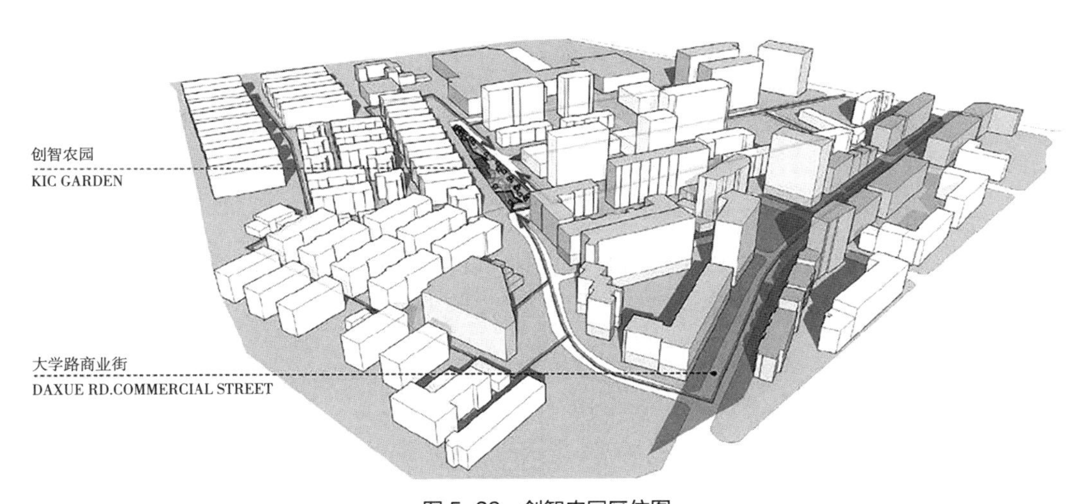

图 5–29 创智农园区位图

图片来源：刘悦来，尹科娈，魏闽，等 . 高密度城市社区花园实施机制探索——以上海创智农园为例 [J]. 上海城市规划，2017（2）：29–33

该地块以建立社区情感纽带为核心价值观，让居民参与花园的日常维护和种植，让儿童探索自然世界，掌握植物知识，了解农作物从种子到实物的过程，体验农耕文化。同时，通过种植活动让居民在此过程中相互熟悉，促进交往。作为社区花园，创智农园不仅仅是景观观赏的空间，更承担了儿童自然教育、邻里交流互动的创作空间。

5.4.2.2 儿童参与内容

创智农园开放性地将自然教育与公众参与的理念融入社区花园。儿童作为自然教育的受众和公众参与的一部分融入社区花园的种植、维护和运营之中，因此儿童既是花园的使用者也是花园的维护者。虽然儿童未参与花园的前期建设，但是在花园的场地维护、种植和运营阶段，和老人等其他使用者一起实现了较好的参与。

（1）参与花园种植

创智农园通过对场地分区设置，让儿童有与农园种植有关的多样化的参与体验，创智农园具体包括设施服务区、公共活动区、园艺互动区、朴门菜园区、公共农事区和一米菜园区六大分区（图 5-30），其中公共活动区是由广场和儿童游戏沙坑组成，儿童和居民在这里可以自由地玩耍交流。

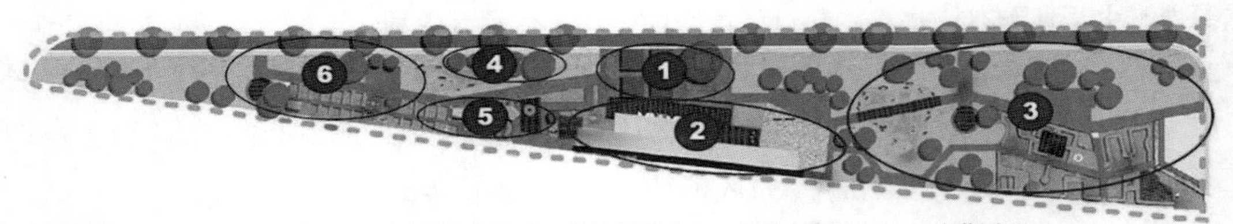

1—设施服务区　2—公共活动区　3—园艺互动区　4—朴门菜园区　5—公共农事区　6——米菜园区

图 5-30　创智农园平面分区图

图片来源：赵苗萱 . 基于儿童参与的社区公共空间更新策略研究 [D]. 长沙：湖南大学，2020

园艺互动区包括轮胎花园（图 5-31）、社区花园展区等。轮胎花园是通过儿童活动的形式，招募儿童参与布局、制作，将废弃轮胎变身成高质量的景观节点。

朴门菜园区布局了螺旋花园、香蕉圈、厚土栽培试验区、堆肥区（图 5-32）、雨水收集区（图 5-33）、蚯蚓塔等。该区域作为培训基地，让儿童通过观察和维护学习自然知识。

图 5-31　轮胎花园

图片来源：赵苗萱 . 基于儿童参与的社区公共空间更新策略研究 [D]. 长沙：湖南大学，2020

图 5-32　堆肥箱

图 5-33　雨水收集区

图片来源：赵苗萱 . 基于儿童参与的社区公共空间更新策略研究 [D]. 长沙：湖南大学，2020

一米菜园区（图 5–34）由几十个被划分为 $1m^2$ 大小的区域组成，因此得名“一米菜园”。该区域出租给想要独立种植作物的居民使用，运营方提供种子、工具、肥料等。儿童可以通过植物认养等方式获得植物的管理维护权，参与一米菜园区内作物的日常护理，同时配有专门的管理人员进行作物的日常维护。

公共农事区（图 5–35）服务于社区公众的区域，在管理人员的指导下，社区居民和儿童在这里可以共同体验一年四季不同的农事活动，相比“一米菜园”的植物领养模式更具有公共性，有利于居民之间的互动交流。

设施服务区（图 5–36）为社区花园的室内空间，由集装箱改建而成，通过每周举办自然教育活动与课程，促进家长与小朋友之间的教育培训和交流，形成社区花园的种

图 5–34　一米菜园区

图片来源：赵苗萱 . 基于儿童参与的社区公共空间更新策略研究 [D]. 长沙：湖南大学，2020

图 5–35　公共农事区

图片来源：赵苗萱 . 基于儿童参与的社区公共空间更新策略研究 [D]. 长沙：湖南大学，2020

图 5-36　设施服务区

图片来源：赵苗萱 . 基于儿童参与的社区公共空间更新策略研究 [D]. 长沙：湖南大学，2020

植维护系统，让儿童参与到社区花园的日常种植维护之中。

（2）参与花园运营

农园内部的所有空间，都有提供儿童参与的行为与方式，并有专业人员提供指导，同时儿童从力所能及的事情入手，成立以儿童为主体的志愿者团队，参与花园的运营管理，也为后期形成花园自组织积累参与力量。

5.4.2.3　儿童参与程度

儿童参与创智农园的更新建设以协作式参与为主（图 5-37），即主要通过参与花园的种植、维护和运营等方式，建立社区儿童与成人之间的合作关系。创智农园汇集了政府、非政府组织、企业以及居民的多方力量，其中居民作为空间的主要使用者，积极参

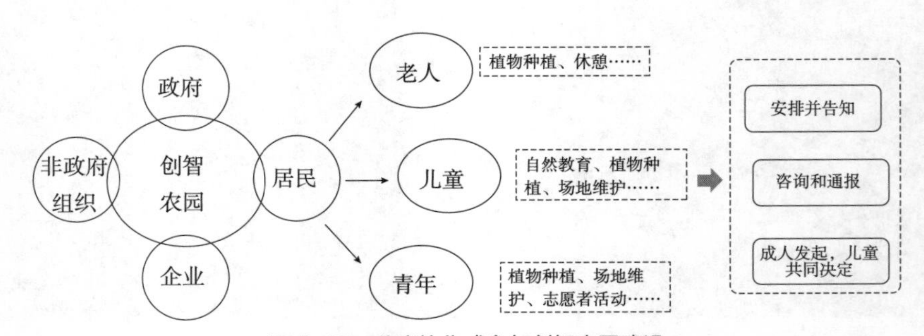

图 5-37　儿童协作式参与创智农园建设

图片来源：赵苗萱 . 基于儿童参与的社区公共空间更新策略研究 [D]. 长沙：湖南大学，2020

与农园种植、维护等各项公共事务，将单一的景观空间打造成居民与自然之间、居民与居民之间的良性互动场所，赋予居民使命感和责任感。

儿童作为使用主体之一、作为居民的一部分参与到农园的公共事务之中，与其他使用者之间形成良好的合作关系。虽然儿童的参与程度不是主导式参与，参与的大多数工作内容也在成人的带领和指导下完成，但在社区农园这类多使用主体的社区公共空间里，协作式参与更能实现儿童的有效参与。首先社区农园涉及大量的专业知识，儿童在参与的过程中，需要成人的技术帮助和指导；其次，多使用主体的公共空间，需要实现多方利益的最大化，寻求多方之间的平衡。协作式参与既能够倾听儿童与成人各自的声音，实现公共空间的多方利用，又能够促进儿童与多使用主体之间平等地合作与交流，培养儿童的社会性。

5.4.2.4 保障儿童参与的措施

（1）采用工作坊的活动形式。通过工作坊，将花园建造项目的实施过程拆分细化成若干个儿童可参与的活动，把铺路、铺草皮、种植等专业园林工程复杂的工作内容阶段化，变成儿童有能力参与的项目。

（2）将儿童参与和自然教育相结合。打造以自然教育理念为核心的公众参与社区花园，在儿童缺乏自然接触的今天，为儿童参与增添获取自然知识的附加值，提高家长与儿童参与的积极性。

（3）打造品牌效应。引入社会组织——四叶草堂维护农园日常运营，并提供专业指导，通过规范农园服务、社区营造活动等一系列主要品牌活动策划与运作，打造主体为儿童的系列参与活动，并利用微信公众号等自媒体平台，宣传农园活动以及相关事项，线上线下居民同时互动，形成品牌效应，提高儿童以及居民的参与黏性（表 5-1）。

创智农园社区营造活动　　表 5-1

社区营造活动	专业沙龙	邀请专家、学者和实践者开展讲座，举办儿童教育活动
	农夫市集	周末提供场地供农户售卖有机食品，工作日在室内提供售卖产品展示区
	植物漂流	鼓励市民将自己家种植的植物移栽到公共空间，或者与花园里的植物进行互换
	露天电影	选取孩子们感兴趣并且结合自然题材的电影，室外搭建简易电影院，免费播放
	公益活动	关注弱势群体，提供接触公益、参与公益的途径

资料来源：赵苗萱 . 基于儿童参与的社区公共空间更新策略研究 [D]. 长沙：湖南大学，2020

5.4.3 日本川崎童梦园

5.4.3.1 案例背景

“冒险游戏场”缘起于欧洲，创始人是丹麦哥本哈根的景观设计师索伦森（C.T.Sorensen）。1943 年，设计了许多游乐场的索伦森发现，孩子们喜欢在遗留的废料建筑工地、而不是在已建成的游乐场上玩耍，这一观察诞生了第一个冒险游戏场。为了让孩子们不受限制地尽情玩耍，冒险游戏场以“自己对自己的玩耍负责，自由地玩耍”为宗旨，将游戏的权利交还于儿童。虽然冠以“冒险”二字，但实际上儿童在游戏中的风险分为可控和无法控制的“风险”，冒险游戏场便是让儿童在可控的风险之内自由玩耍，培养儿童在游戏的过程中积累生活经验，促进儿童的身体、心理同步发展。游戏最高状态是一种探索，是愉快的冒险和体验。

1970 年，冒险游戏场正式被引入日本。从事城市规划工作的大村虔一、璋子夫妇在海外考察旅行中读到了赫特伍德夫人艾伦（Lady Allen of Hurtwood）所著的《游戏规划》（*Planning for Play*），书中收录了很多欧洲冒险游戏场中孩子们欢欣雀跃的身姿。两人深受启发，并策划出版了此书的日文译本《城市的游乐场》（都市の遊び場），引起全日本的轰动。

川崎市位于东京都南侧，面积 144.35km^2，人口约 150 万，是日本出生率最高的地区，18 岁以下人口占总人口数的 15%。川崎市童梦园冒险游戏场在《川崎市儿童权利保护条例》（简称《保护条例》）的指导下建设。《保护条例》（图 5–38）明确提出了儿童有参与和自我决策的权利，因此冒险游戏场成为保护儿童做自己、安心生活、自我决策的地方，并关注儿童的成长发展过程 [11]，让儿童和大人拥有平等的权利。童梦园冒险游戏场占地面积 1 万 m^2，原址为工厂遗迹，到 2018 年总共利用人数累计突破 100 万人次。冒险游戏场建设的核心理念为《保护条例》，为贯彻条例中的各项权利，特别是第五条

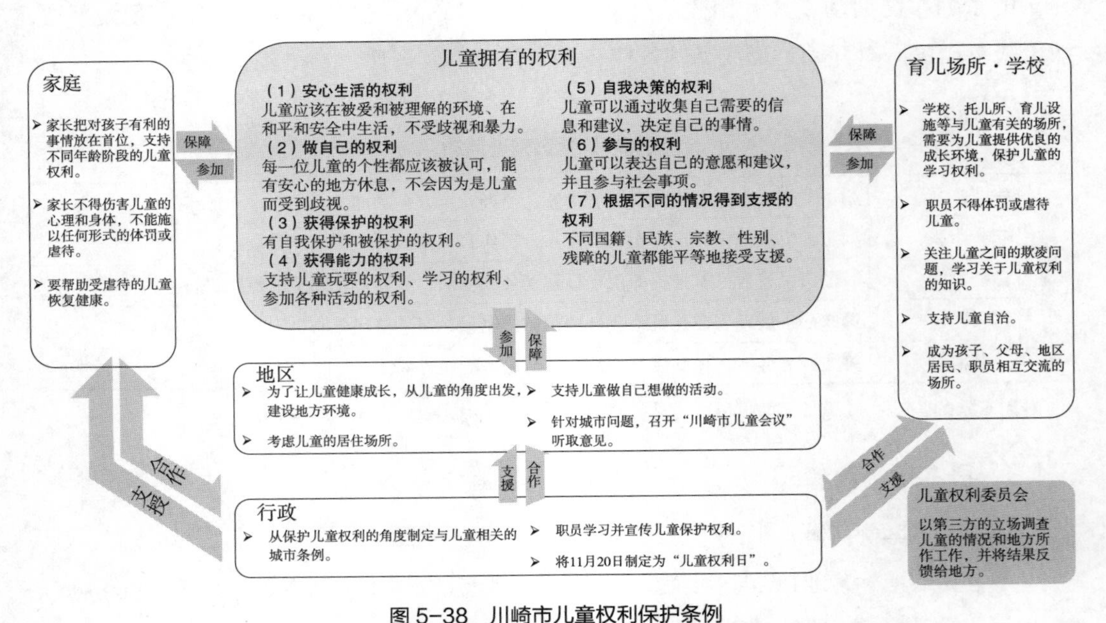

图 5–38　川崎市儿童权利保护条例

图片来源：赵苗萱 . 基于儿童参与的社区公共空间更新策略研究 [D]. 长沙：湖南大学，2020

"自我决策的权利"，以及第六条"参与的权利"，将儿童作为主体，全程参与整个空间的建设、使用、运营和维护。

5.4.3.2 儿童参与过程

（1）前期调研

川崎市为充分尊重儿童意愿，2001 年童梦园冒险游戏场①（图 5-39）建设前便开展了一系列以儿童为主体的工作坊，咨询了 287 名儿童，问卷调查 1725 人，由儿童确定游戏场的基本布局方案并建立模型后交给专门的建筑师优化，形成最终方案。冒险游戏场地面为裸露土地，外围设置自行车道、农田、花圃，内部除了固定的篝火区、沙池、水池以及小木屋外，其他空间都可自由放置游具，同时配备 $103m^2$ 的全天候广场音乐室、母婴室、图书馆、休息区、事务所、童梦园运营团体的工作间等室内空间②。2002 年召开童梦园运营儿童准备会议，公开招募 34 名儿童委员和 16 名成人委员。2003 年建成并对外开放[12]。

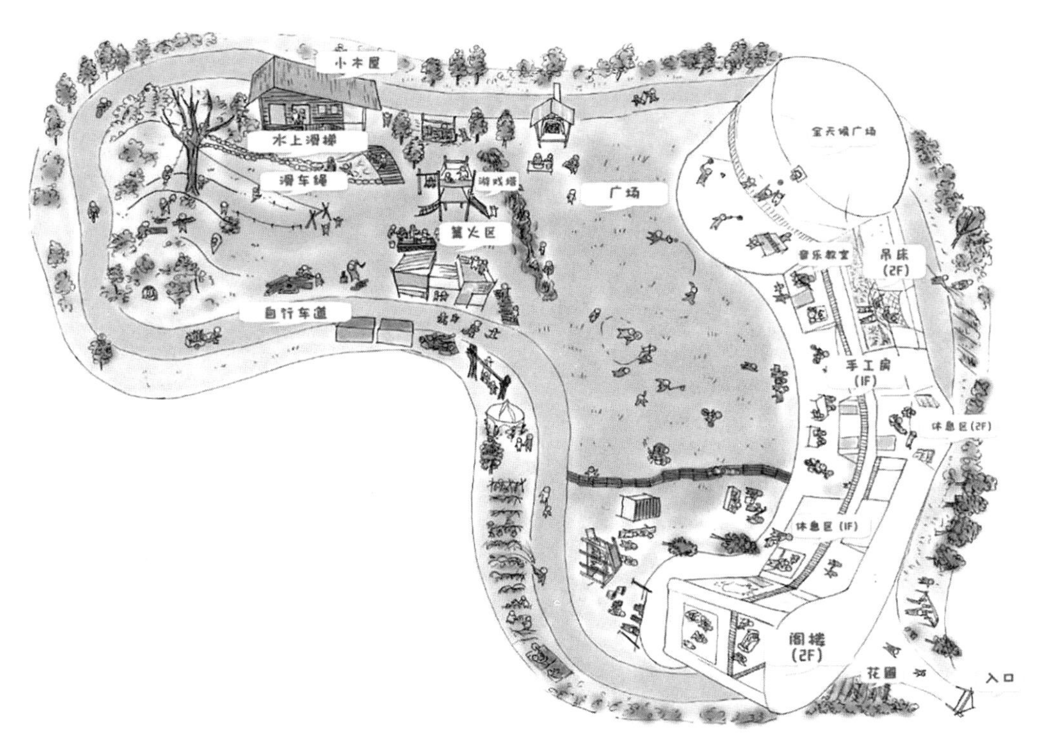

图 5-39　冒险游戏场平面图

图片来源：赵苗萱 . 基于儿童参与的社区公共空间更新策略研究 [D]. 长沙：湖南大学，2020

① 童梦网官网：http：//www.yumepark.net，赵苗萱翻译。

② 童梦园官网：http：//www.yumepark.net，赵苗萱翻译。

（2）场地建设

区别于传统游戏场由设计师设计游具，冒险游戏场室外的游戏游具均由儿童自己搭建而成，如滑梯（图 5-40）、攀爬架（图 5-41），儿童可以自主创造游戏方式和行为。儿童自由使用工具，不受他人干预，在游戏导师的指导下自由制作游具并玩耍，同时可以根据儿童的喜好定时更新和淘汰，并重新制作游具。根据调查，“玩水”（图 5-42）“木工”（图 5-43）“烹饪”（图 5-44）“玩火”（图 5-45）等都是游戏场内的高人气游戏，由此可以看出“实现在普通的公园里无法做到的游戏”，就是冒险游乐场最大的吸引力。

（3）空间运营

冒险游戏场以儿童参与为主体，由政府支持，非营利组织和财团共同运营。虽然聘请了专业的非营利组织负责游戏场的日常运营，但儿童参与组织游戏场内的各种交流活动，会议主要让儿童表达自己的想法，说出自己想做的事，再由大家投票决定是

图 5-40　儿童自制滑梯

图 5-41　儿童自制攀爬架

图 5-42　儿童玩水

图 5-43　儿童木工

图片来源：https://yumepark.net

图 5-44 儿童自主烹饪

图 5-45 儿童自由“玩火”

图片来源：https://yumepark.net

否通过。比如每月举办 5 场（1 次时间较长，4 次时间较短）家长和儿童共同参加的儿童会议。

5.4.3.3 儿童参与程度

儿童参与冒险游戏场的建设以儿童主导式参与为主，即各个环节的开展均以儿童为主体、成人为辅助，帮助更好地完成场地的建设，以及游戏活动的开展。儿童作为核心参与了游戏场的前期、中期及后期，在参与的过程中，结合实际情况和可操作程度，采用了不同的参与方式：前期以调研儿童意愿、儿童建设模型为主；中期儿童参与游具搭建、活动策划和场地维护；后期儿童参与游戏场的运营和管理。

在参与的各个环节中，儿童参与的程度有所不同，虽然以儿童主导式参与为主，但前期调研阶段也结合了协助式参与和征询意见式参与，具体参与程度与项目开展的儿童可操作性相关联。因此不难看出，在儿童参与的过程中，并非盲目地追求最高程度的儿童参与，而是在充分尊重儿童权利下的，实现儿童多样化的有效参与（图 5-46）。

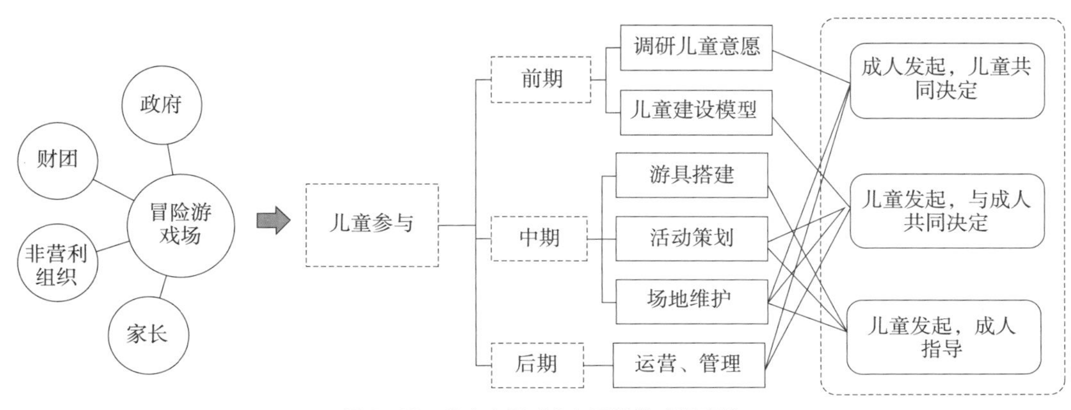

图 5-46 儿童主导式参与冒险游戏场建设

冒险游戏场为保障儿童参与的真实性和持续性，确保儿童在空间建设和使用过程中的主导地位，采取了以下措施：

（1）设立游戏导师。他们不是游戏的领导者，而是与孩子处于平等的地位、最接近孩子立场的大人，是儿童获得成功、安全参与的关键。游戏导师的作用是多样的（表 5-2），最重要的是将冒险游乐场打造成为儿童自己设计和建造游戏空间的地方，除安全需要或儿童要求外，游戏导师基本不干涉游戏场内其他行为。游戏导师教孩子们如何使用工具，激发孩子的游戏兴趣和精力，检查游具结构的安全性，预防可能发生的问题。游戏导师需要经过专业的指导和培训，入职后由政府或者基金组织发放薪水。

（2）社会组织和公益财团共同运营。童梦园冒险游戏场由川崎市青少年儿童未来局管辖，由社会组织和公益财团共同运营、管理和维护。每 5 年选定一届运营者，设立运营考察制度，通过考察 5 年内童梦园使用情况和儿童发展情况决定是否重新选举新的运营者。

（3）明确游戏责任。明确“自己的责任自己负责”的游戏前提，告知园内游戏的注意事项和禁止事项，在保证游戏场地外部环境安全的前提下，儿童在游戏过程中因自身行为导致的风险，由儿童自身承担。

（4）购买专业保险。为增强家长和儿童参与的信心，提高游戏场内的安全性，同时避免不必要的纠纷，冒险游戏场为儿童购买专业保险，为突发性意外提供保障措施。

游戏导师的作用　　表 5-2

吸引儿童玩耍	孩子是游戏的天才，并且具有好奇心，通过游戏导师在场地内自己玩耍，吸引和刺激孩子们游戏的心理
教导工具的使用	教导儿童正确地使用游具制作工具，如锯子、斧头等，以及为儿童提供遇到困难时候的技术支持
链接不同儿童	第一次来的、不同的年龄、不同的学校之间的孩子很难马上加入玩耍，通过游戏导师的介绍，把大家联系起来
设计游戏环境	打造“有趣”的游戏场环境和游具设施，保障游戏场正常运营和开展
保障游戏安全	随时观察孩子的游戏状态，避免游戏的过程中发生意外，以及发生意外时，立即采取应对措施
倾听儿童心声	儿童在玩耍的过程中容易表达自己的心声，游戏导师倾听他们的真实想法或烦恼，在必要的时候给出建议
传递儿童状态	从孩子游戏或者交流的过程中关注儿童的心情和状态，并传递给家长
打消家长疑虑	避免家长因为害怕孩子受伤而阻止或干预儿童玩耍，及时与家长进行沟通，保障孩子玩耍的自由
儿童的代言人	作为最接近孩子的大人，代言孩子不能说的事，帮助儿童表达自己的想法
游戏场宣传者	对外介绍、宣传冒险游戏场以及不同时期活动的信息

本章参考文献

[1] 林婉仪 . 台湾参与式设计的过程观察及其启示 [D]. 广州：华南理工大学，2013.

[2] 杨轶然 . “城中村”社区公共空间的参与式设计研究 [J]. 美术大观，2011（11）：143–143.

[3] 钱缨，苏庆东 . 公共空间的参与式设计模式 [J]. 西安建筑科技大学学报（自然科学版），2011，43（1）：90–95.

[4] 木下勇 . ワークショップ ~ 住民主体のまちづくりへの方法論 [M]. 东京：学艺出版，2007.

[5] 沈瑶，云华杰，赵苗萱，刘梦寒 . 儿童友好社区街道环境建构策略 [J]. 建筑学报，2020（S2）：158–163.

[6] 王志刚，钟增炜 . 对参与式“工作营”模式的积极探索——天津大学新校区规划设计访谈 [J]. 建筑学报，2012（3）：1–5.

[7] 沈瑶，杨燕，木下勇，徐梦一 . 参与式设计在社区设计语境下的理论解析与可持续操作模式研究 [J]. 建筑学报，2018（S1）：179–186.

[8] 沈瑶，刘晓艳，云华杰，等 . 走向儿童友好的住区空间——中国城市化语境下儿童友好社区空间设计理论解析 [J]. 城市建筑，2018（34）：40–43.

[9] 沈瑶，刘晓艳，刘赛 . 基于儿童友好城市理论的公共空间规划策略——以长沙与岳阳的民意调查与案例研究为例 [J]. 城市规划，2018，42（11）：79–86，96.

[10] 杨燕 . 社区营造中参与式设计的实践模式研究 [D]. 长沙：湖南大学，2019.

[11] 沈瑶，刘赛，赵苗萱 . 冒险游戏场的起源、实例与启示 [J]. 国际城市规划，2021，36（1）：30–39.

[12] 赵苗萱 . 基于儿童参与的社区公共空间更新策略研究 [D]. 长沙：湖南大学，2020.

第6章　展望：儿童友好社区规划的发展方向

城市规划一直以来是以合理安排土地功能和空间布局、综合部署建设工作为主要目的，通过有针对性的政策制定，促进儿童友好社区的规划实施、提供儿童友好的硬件环境、让城市的空间环境更能促进儿童的身心健康发展（或减少对儿童发展的负面影响），是规划者的主要职责。2021年10月，国家发改委会同22个部门研究制定《关于推进儿童友好城市建设的指导意见》，明确到2025年，在全国范围内开展100个儿童友好城市建设试点，让儿童友好要求在公共服务、权利保障、成长空间、发展环境、社会政策等方面充分体现；到2035年，预计全国百万以上人口城市开展儿童友好城市建设的超过50%，100个左右城市被命名为国家儿童友好城市，推动儿童友好成为城市高质量发展的标志。为建设对儿童更友好的城市，未来我们规划师需要更多地调查研究现有的城市土地资源、空间布局及建设方式等对儿童可能产生的负面影响，并采取积极的城市更新或设计手段解决问题。同时，社区作为城市的基础细胞，与人民日益增长的美好生活需要直接相关，社区规划既是以人为本城市规划与建设的重要环节，也是儿童友好城市政策落实落地的关键。对于扎根基层的社区规划师而言，如何以儿童友好为引擎，做好社区的规划与治理也十分关键。

6.1　“顶层引导＋精准分类”的政策制定

现今虽有地方政府在儿童友好方面有所行动，但国家顶层设计的架构还有待完善。在中国政策逻辑下，国家顶层设计仍需在充分了解各地发展、实践情况的基础上继续深化。目前来看，国家层面尚缺一套纳入财政体系的政策、基本任务和规划，这也是地方政府缺少实施动力的重要原因之一。为更好地建构儿童保护体系，政府除了政策方面的支持，也需要配套儿童专门的财政预算，这也是建构儿童友好城市的要素之一。同时，因我国城市类型丰富、城市发展基础存在差异，建立科学高效的公共资源投放机制，分周期、按计划、因地制宜投放的研究也应更加系统。

我国三孩政策的出台更凸显了儿童将成为社会主义现代化建设重要主力军的现实。目前社区与儿童的双向促进作用并未得到有效的利用，城市化带来的高层高密度居住、人车不分流的社区环境对儿童并不友好，社区级与儿童相关的公共设施及公共服务的整体水平有待提高。这就要求在未来落实共建儿童友好社区的过程中，需要进一步对社区类型进行细化，制定相关技术引导，同时研发不同类型的社区多元共建模式，灵活配套财政和人才。

6.2 “儿童友好 + 全龄友好”的通用设计

儿童参与是儿童友好城市和社区建设的核心。国际上普遍认为的儿童参与是，“充分考虑儿童年龄及成熟程度，儿童和成人在相互尊重的基础上分享信息并进行对话，表达自己的意见和积极参与各级决策”[1]。在空间设计中也可依据儿童参与的程度将其依次划分为三个层级，即“设计师认为的儿童友好”“有儿童参与的设计”和“以儿童为主体的空间设计”。目前，国内已有部分社区尝试鼓励规划师和儿童共同进行社区的规划和设计，但仍有较多社区停留在儿童参与的第一阶段，仅将与儿童相关的元素和设计规范简单地拼贴进社区规划当中。随着儿童友好社区实践的不断深入，社区的设计应当继续鼓励儿童参与或以儿童为主体的空间设计。

此外，设计本身也应当具备更高的灵活性和包容性，要以全龄友好的通用设计原则去改进社区中的公共活动设施与空间，切忌狭隘地把一些空间设计为只能由儿童去使用的场所。例如社区中的雕塑，可以设计为观赏性小品和儿童游戏场的结合体，如果在周边增添休闲长椅，陪伴儿童游戏的其他社区成员也能够在此休憩。这种多元主体参与的空间，既符合儿童友好的设计要求，又具有更多的包容性和通用性。

6.3 “上下联动 + 多元协助”的社区治理

政府是为社区居民提供政策、空间、服务三类公共资源的行政机关，并提供了一系列的技术标准和引导，但落实在社区层面的实施确实需要多方的共建行动。学校和社区作为儿童成长的重要环境，学校与社区的紧密合作也是推动多方共建的实践新样态和发展新途径。

在校社共建中，“校”指的是各种学校，“社”指的是社区。社区拥有丰富的人文资源，可以成为儿童社会化学习的重要场所。社区学校可以为儿童参与提供支持。高校介入为校社共建活动提供技术指导与高水平人力资源。打通社区与学校之间的壁垒，构建由高校—社区—社区学校组成的“校社合作”联盟，可以有效建立儿童参与机制，搭建长效多方参与平台，促进社区儿童友好建设。

社区活动与学校充分对接，提高儿童参与的有效性，以儿童作为纽带，促使居民自动自发地参与社区公共事务，不但可以共建更有品质的社区公共空间，逐渐凝聚以建设儿童友好社区为核心的社区共同体意识，还有助于培育相关社区自组织的形成，提高社区自治能力。

社区学校打开校门，将学校教育置于社区之中，为儿童提供了参与公共事务的机会，校社共建活动也可与学校课程相结合，不但可以丰富学校教育资源，也有助于学校打造个性化品牌教育项目，实现教育创新，因材施教培育出多元人才。

高校在合作平台搭建初始阶段可作为支持力量提供相应的技术和理论支持，同时搭建的校社共建平台也可作为高校实践基地，为高校学术研究提供支持。

对于儿童本身，优质的校社共建活动为儿童提供了多元化的课程与实践，激发孩子创造性思维，有助于儿童挖掘和培养自己的兴趣和天赋，培养良好的学习习惯，全面提升综合素质。

社区、社区学校、高校以及其他社会力量的共同加入，构建以儿童参与为核心的联动团体，从更多维度为儿童提供优质的成长环境，促进儿童全面发展。

自 2015 年开始，作者带领的湖南大学儿童友好城市研究室团队依据长沙市三个不同社区儿童友好社区营造的持续实践和行动研究[2]，将相关行动机制进行归纳（图 6-1），形成可称之为中国特色的“上下联动”机制。

从实践效果较好的丰泉古井社区案例来看，社区基层（包括社区党组织和居委会）来充当资源整合、带动上下联动的核心角色是较为合适的。高校也在工作方法模式研讨、理念培育上具备天然的优势，可联合社区的中小学，研发不同类型的多方共建的实践方法。同时外部的社会力量和专业的社区组织引导居民参与公共事务和日常公共空间的维护，也是带动持续共建共享的重要内容，是形成更积极的社区人、更持续的社区服务的重要保障。在未来，落实共建儿童

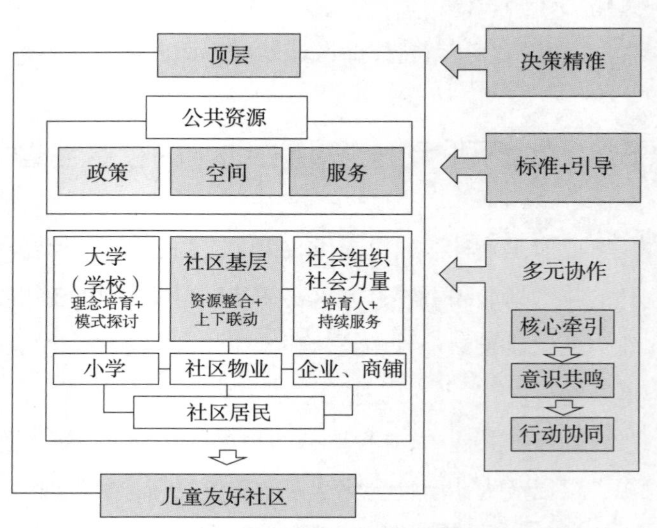

图 6-1　儿童友好社区营造行动机制

友好社区的过程中，更需要相关技术引导，同时研发不同类型的社区多元共建机制，灵活配套财政和人才。总之，以儿童为纽带带动居民持续参与社区的公共事务，以“儿童友好”带动全龄友好社区的建设，促进社区的多元治理，推动其在经济、文化、环境等方面的可持续发展。

本章参考文献

[1] UNICEF. Child rights toolkit module 3-child participation[EB/OL].[2018-10-26]. https：//www.unicef.org/eu/crtoolkit/toolkitmodule3.html.

[2] SHEN Y，JIN R，LIAO Y. Mechanism for building child friendly communities based on multi-party co-construction a case study on community practice in Changsha[J]. China City Planning Review，2021，4（30）：43-54.

附录 1　长沙万科森林公园儿童友好社区建设指标

<table>
<tr><td>儿童友好是什么</td><td colspan="3">承认儿童的权利主体地位，尊重儿童的感受；关注儿童周围环境应有利于儿童的福祉；重视儿童与成人、儿童与家庭、儿童与儿童之间的交流与反馈</td></tr>
<tr><td>保障儿童的什么权利</td><td colspan="3">生存权和发展权、受保护权、参与权</td></tr>
<tr><td>儿童友好社区是什么</td><td colspan="3">以尊重并赋予儿童权利为基础，从社区政策、服务与空间环境等方面，为儿童提供满足其健康成长及天性需求的社区</td></tr>
<tr><td>儿童友好公共空间</td><td colspan="3">社区中的儿童友好公共空间是指具有一定规模，能够保证儿童安全、可提供儿童游戏设施及普惠型服务的场所，包括室内公共空间与户外公共空间</td></tr>
<tr><td rowspan="2">儿童友好社区建设</td><td>四个基本原则</td><td colspan="2">儿童最大利益原则、普惠公平原则、儿童参与原则、共建共享原则</td></tr>
<tr><td>五大板块</td><td colspan="2">制度建设、空间营造、服务提供、文化建设、人员要求与管理</td></tr>
<tr><td rowspan="3">儿童友好社区建设</td><td rowspan="3">制度建设</td><td>建立儿童友好社区跨部门合作组织架构</td><td>应包括但不限于以下内容：
①街道/镇政府书记/主任、镇长牵头组织“儿童友好社区建设”，使之成为社区建设工作的重要组成部分；
②街道/镇政府将儿童友好社区建设纳入街道/镇发展规划，并纳入社区建设工作考核指标；
③由民政、卫健委、教育、公安等部门，以及妇联、残联等群团机构共同参与；
④建立儿童友好社区联席会议机制，儿童代表参与会议，并鼓励和支持儿童代表就对影响他们的事项发表自己的意见；
⑤形成成员单位职责分工机制、信息通报交流例会制度；
⑥社区建设相关工作人员了解和熟悉中央、省级（省、自治区、直辖市）、地级（地区、市、州、盟）、县级（县、市、区、旗）关于儿童的相关政策文件</td></tr>
<tr><td>提供儿童友好社区建设财政支持</td><td>宜包括但不限于以下内容：
①街道/镇财政预算配备服务儿童的资金（如场地建设费用、孵化儿童社会服务机构、采购儿童友好相关社会工作服务等）；
②建立信息通报制度，对儿童友好社区建设资金进行公开</td></tr>
<tr><td>建立儿童参与社区建设和治理的制度</td><td>儿童与家长参与儿童友好社区建设，宜包括但不限于以下内容：
①社区成立由儿童自愿组成的委员会，其成员代表整个社区的儿童，有组织架构、章程和工作计划；
②儿童委员会可邀请儿童社会服务专业人员、家长志愿者、老师和社区工作者作为顾问，参与社区事务讨论，定期召开会议；
③成立家长委员会，秉持关爱友好互助的理念，并有专人负责，不定期召开会议或组织活动，参与儿童友好社区建设</td></tr>
</table>

续表

儿童友好社区建设	制度建设	建立针对儿童友好社区建设的评估和反馈机制	宜包括但不限于以下内容： ①成立评估委员会，针对儿童友好社区建立评估和反馈机制； ②评估成员由政府领导小组、儿童委员会及家长委员会组成，进行年度评估和反馈
	空间营造	空间营造原则	主要包括但不限于以下内容： ①社区规划、社区环境改造、社区微更新中应充分考虑各年龄段儿童的空间需求，统筹布局与营造社区儿童活动空间，具体包括户外游戏空间、室内公共空间和街道空间； ②社区儿童活动空间的布局应充分考虑各年龄段、各行为能力儿童的活动特征，确保所有儿童的便捷可达性和安全性； ③社区儿童活动空间内倡导提供符合儿童天性发展规律、能够激发儿童创造力的自然化游戏设施； ④鼓励 6 岁以上儿童参与社区空间营造，可采用调查问卷、工作坊等形式，邀请儿童共同参与方案设计和问题研究，充分听取儿童意见，并给予回应； ⑤宜由城乡规划师、建筑师、景观设计师、社区工作者作为社区规划师协同儿童参与儿童友好社区设计，社区规划师宜接受过儿童友好理念的培训，或参加过国内外儿童友好项目或课题
		街道空间	宜包括但不限于以下内容： ①沿社区儿童主要上下学道路，设置独立步行路权的连续路径，串联社区儿童主要活动空间和社区公共服务设施； ②在社区校园周边开展慢行系统优化措施，保证儿童上下学的接送点、步行空间的交通安全，如专时通道； ③在儿童上学路段两端，应设置注意儿童标识以及车速限速标识；在儿童横向过街入口，应设置减速慢行标识和减速带，交叉口信号灯的灯控时间应考虑儿童过街步速； ④合理布局灯光照明设施，在保障夜间出行安全的同时，应考虑灯光高度和方向对儿童视线的影响
	服务提供	支持性服务提供	在儿童家庭结构完整的情况下，为儿童提供支持性的基础公共服务，增强其家庭的亲职功能，改善家庭功能，促进儿童的健康成长。服务应包括但不限于以下内容： ①开展家庭教育的宣传和提供家庭支持服务； ②儿童服务中心（或儿童之家）有普惠性的常态化儿童养育及家庭支持服务项目开展； ③儿童社会服务机构通过政府购买服务或筹措社会资源为儿童与家庭开展支持服务； ④儿童服务志愿者与社区服务中心或社区儿童服务中心（也称儿童之家）、驻地企业、学校、医院合作，定期开展家庭教育指导和支持服务或主题活动
		保护性服务提供	当儿童在社区或家庭内遭受不正当对待，如虐待、疏忽等，而导致身体、心理、社会、教育等权益受损时，开展以保护儿童为目的的服务项目。服务应包括但不限于以下内容： ①针对在校园里受到欺凌的儿童，开展预防与个案干预服务； ②针对困境儿童，包括受暴力侵害的儿童（包括遭受身体虐待、性虐待、心理虐待、照顾疏忽的儿童），建立相关保护制度，及时发现、强制报告、评估取证、家庭辅导、提起诉讼、案件审理、回访考察；

续表

<table>
<tr><td rowspan="6">儿童友好社区建设</td><td rowspan="4">服务提供</td><td>保护性服务提供</td><td>③建立社区儿童档案，进行动态管理，及时发现和监测困境儿童的状况，及时掌握高风险的外部环境因素以及自身风险行为的信息，并采取相关措施消减这些风险因素，改变风险性行为；
④建立预警和举报制度，及时发现被拐卖、被忽视、遭受暴力侵害和剥削的儿童，并进行适时恰当地转介和联动应对；
⑤为受伤害的儿童提供庇护和心理干预，提供咨询疏导服务</td></tr>
<tr><td>补充性服务提供</td><td>当儿童处于的社会系统（例如学校、家庭）不能履行相关的职责，造成儿童受到一定程度伤害的时候，需要从社区系统注入资源，为其提供补充性的服务。服务应包括但不限于以下内容：
①针对困境儿童的特殊服务，包括困境家庭儿童的救助服务、残障儿童的康复服务、行为偏差儿童的矫治服务、辍学儿童的就业援助服务项目等；
②家庭教育普惠服务，遇到问题的家庭个案、家庭治疗等服务；
③在儿童教育机构内聘用社会工作者，开展学校社会工作服务</td></tr>
<tr><td>替代性服务提供</td><td>当家庭照顾功能部分缺失时，针对儿童的实际需要，在社区内安排适当的场所，为其提供部分照顾功能的服务。 服务宜包括但不限于以下内容：
①在社区内为儿童提供日间照料中心，开展幼儿托育服务；
②为社区内遇到突发或紧急事故而缺乏父母照顾的儿童，提供及时、短期的照顾服务</td></tr>
<tr><td>发展性服务提供</td><td>基于生命发展的视角，从儿童发展的各个阶段出发，开展针对性的服务项目，确保儿童身心健康的可持续发展。服务宜包括但不限于以下内容：
①针对 0~3 岁儿童，基于促进儿童早期综合发展的科学依据，开展家长教育和家庭科学养育指导、婴幼儿家庭照护及托育服务；
②针对 3~6 岁儿童的体格发育、生活态度和行为习惯、语言发展、认知与学习、社会心理及情感发展等方面的综合培育支持，向家长提供和谐亲子关系及亲职教育的服务；
③针对 6~12 岁儿童的安全教育、生活习惯、学习习惯、运动习惯、道德素养、社会实践、艺术素养以及家庭教育等提供支持服务；
④针对 12~18 岁儿童的青春期常见问题、人生观梳理、社会实践、生活技能、生命教育等综合素养提升提供支持服务</td></tr>
<tr><td rowspan="2">文化建设</td><td>普及儿童友好理念</td><td>应包括但不限于以下内容：
①充分利用信息化技术和自媒体平台，进行儿童友好社区的理念传播和意见收集，鼓励儿童参与并提出反馈意见；
②向社区幼儿园、小学、中学的学生及家长发放儿童友好社区宣传册</td></tr>
<tr><td>建立儿童友好关系</td><td>宜包括但不限于以下内容：
①支持儿童与同伴友好关系培育与养成；同学或同伴之间互相友爱、互相帮助、互相关心、共同成长；
②鼓励儿童与家长关系（亲子关系良好）、家长之间（相互支持、家长志愿者联盟）友好关系培育与养成；
③促进儿童与社区居民友好关系的培育与养成，社区居民具有儿童权利理念和儿童保护意识，关心和爱护儿童，积极参与社区儿童事务和服务等；
④帮助儿童与社区工作者、相关组织人员、幼儿园及学校老师、物业、辖区企业等友好关系培育与养成；辅导他们经过儿童友好社区促进计划培训，能够主动地运用社会工作的方法与儿童互动并服务儿童</td></tr>
</table>

续表

<table>
<tr><td rowspan="4">儿童友好社区建设</td><td>文化建设</td><td>儿童友好文化建设</td><td>应包括但不限于以下内容：
①社区在开展儿童服务工作中，培育和践行社会主义核心价值观；
②将学生道德素养培养与儿童友好社区服务理念相结合；
③以多样化形式在社区弘扬对儿童有益的中国传统文化；
④挖掘社区传统文化，结合社区本土的文化，开展儿童友好观念的主题教育活动；
⑤形成“关爱儿童、幸福未来”的儿童友好社区文化精神和氛围，建立温暖和谐、美好生活的社区</td></tr>
<tr><td rowspan="3">人员要求与管理</td><td>建立社区儿童工作人员组织制度</td><td>应包括但不限于以下内容：
①引入专业儿童服务机构，在为社区儿童和家庭提供服务的同时，带动本社区儿童社会服务机构的服务升级；
②提升本社区儿童服务人员专业能力，孵化和培育本社区儿童社会服务机构的发展；
③鼓励成立社区志愿者服务队，特别是家长志愿服务队，通过家长之间的相互支持为儿童提供服务；
④与高校、研究机构或行业协会合作，建立专家智库，开展儿童友好社区主题的研究，吸纳社区儿童服务实践者加入；
⑤发掘社区内辖区单位、基金会、企业资源，为儿童提供服务；
⑥充分利用社区宣传渠道，开展儿童权利、儿童发展、儿童友好的宣传和培训工作，营造儿童友好的社区文化环境；
⑦将儿童友好社区相关培训纳入政府政策培训、规划培训、社区治理培训、社区营造培训中；
⑧建立社区儿童工作者的电子档案系统，统一管理和督导，建立评估体系，嘉奖优秀代表</td></tr>
<tr><td>社区儿童工作者</td><td>儿童友好社区工作者必须热爱儿童服务工作，且无与儿童犯罪相关的前科及伤害儿童的行为。同时，儿童友好社区的工作者应具备以下资质之一：
①获得国家颁发的社会工作或儿童教育、儿童健康、家庭教育等领域的职业水平证书；
②高等院校与儿童服务相关专业的大专以上毕业生；
③接受过儿童权利和儿童发展的相关培训</td></tr>
<tr><td>儿童服务志愿者</td><td>①儿童服务志愿者的来源：社区居民、辖区单位成员、家长志愿者等；
②接受过儿童权利和儿童发展的相关培训；
③建立志愿者服务管理制度，做好志愿者的登记、培训、记录、激励、评价等工作；
④建立社会工作者和志愿者联动机制，根据服务需要统一管理志愿者</td></tr>
</table>

附录 2　南京市江宁区儿童友好社区建设指标

一级指标	指标性质	指标内容
社会政策	基础性	街道 / 社区编制儿童友好社区发展规划，将儿童友好社区建设纳入社区工作考核指标，实现儿童友好建设工作与社区建设工作同步规划、同步实施
	基础性	社区书记 / 主任牵头成立儿童友好社区建设领导小组
	基础性	由民政、卫健、教育、公安及群团机构共同参与，形成成员单位职责分工、信息通报及交流例会制度
	基础性	设立专（兼）职儿童主任，组建工作小组，建立处理儿童事务的预防和应急机制
	基础性	设立儿童专项资金，配有场地建设费用、采购儿童友好相关社会工作服务的预算，每年对儿童友好社区建设资金进行公开
	基础性	街道 / 社区对儿童友好社区建设跟踪指导和年度反馈，做到年初有计划、年中有推进、年底有总结
儿童参与	引导性	街道 / 社区建立儿童议事制度，定期在居民代表大会中听取儿童对社区建设的意见
	基础性	儿童参与纳入社区有关儿童空间和儿童服务的决策过程，涉及有关儿童的重大事项进行决策时，儿童代表必须参加
	特色性	社区规划师协同儿童参与儿童友好社区规划设计，鼓励 6 岁以上儿童参与社区空间营造
	基础性	建立专门的儿童委员会、儿童议事会、小记者协会、小小民生观察员等儿童团体，畅通儿童参与和表达的渠道
	特色性	社区辖区单位、家庭和个人参与，整合全社会资源增进儿童福祉
公共服务	基础性	街道开展儿童基线调研，掌握儿童需求，社区制定不同年龄段、不同类别的儿童服务方案，及时发布服务内容，听取儿童及家庭的意见
	基础性	在社区提供普惠托育和婴幼儿照护服务
	引导性	在社区提供暑托班、四点半课堂等服务
	基础性	加强婚前、孕前、孕产期保健和儿童早期发展、家庭科学育儿指导服务
	基础性	进行儿童健康管理，规范预防接种和防治龋齿、降低近视及肥胖发生率等
	引导性	开展儿童生命教育、性教育、心理咨询等服务
	基础性	社区图书馆、文化馆、美术馆等向儿童免费开放，全面推广儿童阅读活动
	特色性	组织面向儿童的文艺演出、展览游览等活动

续表

一级指标	指标性质	指标内容
权利保障	基础性	设立社区未成年人保护中心，建立健全困境儿童信息台账，完善定期家庭走访、监护评估、家庭培训和监护保护制度
	基础性	孤儿（事实无人抚养儿童）及重病、残障等困境儿童助医助学全覆盖
	引导性	鼓励有条件的社区扩大残障儿童康复救助项目及年龄范围，提高救助标准
	基础性	提供包括以孤儿、流浪儿童、违法犯罪儿童及服刑人员未成年子女等困境儿童为对象的替代家庭照顾
	基础性	以贫困、残障、大病等困境儿童的家庭（家长）为对象的家庭经济救助服务和社会保障服务
	引导性	建立临时救助制度，对因患病、升学等其他原因导致家庭临时困难的未成年人给予临时物质帮助
	基础性	开展儿童暴力伤害的监测统计、宣传预防、避难救助、治疗辅导等工作，对可能和已经受到伤害的儿童提供及时的帮助
	引导性	对相关人员及儿童进行儿童保护知识和技能培训，增强成人的儿童保护技能和儿童的自我保护能力

后 记

自1996年联合国人居大会提出“儿童友好城市”国际倡议以来已近三十年，国际上对城市系统，尤其是社区这一基本城市单元的儿童友好性的规划设计已积累了很多实践与理论成果，中国的快速城市化进程中，对儿童友好的关注最早可追溯到2008年汶川地震后成都的“儿童友好家园”建设。从国际上看起步不算早，但近十年来发展迅速且是辐射性的，除了学者引领的儿童友好社区理念建构工作之外，各地也涌现出很多关注儿童友好主题或强调儿童参与的社区营造实践，亟待理论提炼与整理。

本书是清华大学刘佳燕老师主编的“社区规划理论与实践”丛书中以儿童视角来思考社区规划设计的专业工具书。作者团队历时三年，编辑整理了近十年来中国儿童友好社区领域的政策文件和社区营造实践的大量案例，并将其与国内外的理论、案例深入结合，尝试提炼出既有国际视野又有地方特色的、符合中国国情的儿童友好社区规划与设计理论成果。

在撰写本书的这三年中，国家对儿童友好理念的关注也迈进了新阶段，“十四五”规划中明确提出了创建100个儿童友好城市的规划目标。社区作为城市系统的主要构成单元，儿童友好社区的创建有了政策支撑，很多城市也积极启动国家儿童友好城市试点城市的申报工作，涌现出大量生动、丰富的儿童友好社区空间设计与服务案例。这三年间，写作团队及时调研，筛选了国内优秀案例，以国家出台的相关政策为基础，按照儿童友好社区“为何”（Why）需要规划，在中国语境下究竟规划设计“什么”（What），“怎样”（How）规划设计才好这一基本思路，对儿童友好社区的规划设计的中国在地性的理论经验和实践路径进行了多轮推敲与调整，坚持以关注儿童发展需求为根本来更新现有的城市社区空间规划设计理论，强调儿童参与的核心作用，最终形成了“需求—规划—设计—参与”的编写结构。希望能够指引城乡规划师、建筑师、社区工作者更好地从儿童视角出发关注中国社区层面的规划设计问题，从儿童友好的理念出发开展创新性的规划设计实践，促进社区朝着更为人性化、更注重代际差异、更促进代际交流的方向更新与发展。

这三年间，很多的青年伙伴也志愿加入了本书的图文编辑和案例采集的工作中，感谢清华大学的赵壹瑶、熊若仪，湖南大学的章序、张馨丹、罗希、李晓君、尹梓诚，还有吴楠老师团队的周思颖、马伦郁、高萍萍、张楠、俞鸿钧等青年才俊的接力加入。同时也要感谢中国建筑工业出版社的徐冉、黄翊编辑。有了你们的用心努力与付出，本书才得以最终科学、严谨地成稿，变得更加生动丰富、通俗易懂。

最后，再次感谢湖南大学社科处“青年学术提升计划”对本书的资助，以及清华大学“社区规划理论与实践”丛书编委会对写作团队的信任与指导。期待本书能成为指引中国城市化进程中儿童友好社区规划设计领域的一本有价值的工具书，为全球范围的可持续城市与社区建设贡献中国经验和中国智慧。

2023 年 7 月